仿生建筑设计丛书

矿物与当代建筑设计

[西] 亚历杭德罗·巴哈蒙
帕特里夏·普雷兹   著

贾颖颖   陈林   王茹   译

U0194884

中国建筑工业出版社

著作权合同登记图字：01-2009-5244号

图书在版编目（CIP）数据

矿物与当代建筑设计／（西）亚历杭德罗·巴哈蒙，（西）帕特里夏·普雷兹著；贾颖颖，陈林，王茹译. — 北京：中国建筑工业出版社，2019.7
（仿生建筑设计丛书）
书名原文：Mineral Architecture: Analogies Between The Mineral World and Contemporary Architecture
ISBN 978-7-112-23870-5

Ⅰ．①矿…　Ⅱ．①亚…　②帕…　③贾…　④陈…　⑤王…　Ⅲ．①工程仿生学－应用－建筑设计－研究　Ⅳ．①TU2

中国版本图书馆CIP数据核字（2019）第121092号

Original Spanish title：Analogies: Mineral
Text：A.Bahamon, P. Perez, A.Campello
Graphic design: Soti Mas-Baga
Original Edition©PARRAMON EDICIONES, S. A. Barcelona, Espana
World rights reserved.
Translation Copyright©2019 China Architecture & Building Press

本书由西班牙Parramon出版社授权翻译出版

责任编辑：姚丹宁
责任校对：王宇枢

仿生建筑设计丛书

矿物与当代建筑设计

[西]　亚历杭德罗·巴哈蒙　　著
　　　帕特里夏·普雷兹
贾颖颖　陈林　王茹　译

*
中国建筑工业出版社出版、发行（北京海淀三里河路9号）
各地新华书店、建筑书店经销
北京锋尚制版有限公司制版
天津图文方嘉印刷有限公司印刷
*
开本：889×1194毫米　1/20　印张：9⅗　字数：133千字
2019年11月第一版　2019年11月第一次印刷
定价：98.00元
ISBN 978 - 7 - 112 -23870 - 5
（34147）

目 录

前言

帕特里夏·普雷兹

古希腊神话中有一个关于美杜莎女神用眼神使敌人石化的传说。在建筑学上，亦有建筑造型拟石化的案例，这虽然与神话相去甚远，但从建构和隐喻的角度看，建筑中的"石化"行为一直以来都是一种试图使建筑工程持久化或永续化的尝试。

石化（petrify，源自拉丁语petra，意为变成石头或使面部僵硬）
1. 变成石头，或硬化某物使它看起来像石头。
2. 图：让一个人惊呆或恐惧得无法动弹。

从旧石器时代（源自希腊对年代的界定），史前人类就认识到洞穴是躲避危险的最佳庇护所。今天，矿物材料特别是石材，在建筑设计和建造中依然起着关键作用。虽然石头作为结构构件已被混凝土和钢铁所取代，但它仍然发挥着包覆和装饰的基本作用。

然而，在建筑史上，石头长久以来受到人们的青睐，这不仅仅在于它的物理属性。地球上的各种矿物质，从小晶体到巨石，很多都与关于地球起源和演化的神话或宗教信仰有关。

建筑史上有很多极具象征意义的石碑，这些纪念碑能够超越史前的神灵，用来祭祀诸神。例如，埃及方尖碑传达了太阳神的稳固性和创造力，而金字塔不仅是死去的法老的升天途径，也象征着原始的土丘，太阳神从那里创造了世界。以上例子均是本书提及的部分案例。

摆放第一块石头。图为施工时将基岩放置在建筑物中，我们称之为奠基仪式。

如今，"石化"建筑在最隐喻的意义上，是用石头来表达对硬度、稳定性、不可穿透性、抗拒性或永久性等感受的（如利用"芝麻开门"石隐喻藏宝地）。或者，利用石头的形式语言作为传达相关感觉的工具，如优雅、透明、奢华、力量、完美、财富等。

然而，除了"拟石化建筑"这一术语的在符号学中解释外，转向矿物世界的建筑学也包括对不同尺度上的地质形态的解释、翻译和借用，以及干预其外观形态转化和破坏过程的展现。矿物与建筑有着很多的相似性——形体的对称组织、生成方式、起伏表面的形成和形态等。从实践的角度看，它能够为建筑单元提供不同尺度上的生成模型，并可为结构问题或设计方案提供解决方法，帮助建筑物更有效地适应环境。

这本书汇集了多位建筑师的作品，他们在矿物世界中寻找答案。本书所选的建筑项目、设计构思均源于对矿物的理解和诠释。我们通过解读作品形成系列思考和反思，以期能够从地质学中获得启示，研究探索建筑设计的新方法。

与之相应的，本书中对于矿物晶体结构的研究，为越来越多想突破固有模式的建筑师提供了思路借鉴。对侵蚀和积累结构的研究，回应了地球表面起伏地貌的形成过程。更为重要的是，观察矿物景观可为我们提供一个视角，能够让我们理解在特定环境下的自然之力，同时，能为建筑适应环境的复杂性问题提供设计思路。对减法体系的研究，其主要特征是以挖空的方式形成空间，这是一种利用负空间来创建空间的过程，这与传统的以堆砌材料形成建筑空间的做法正相反。

同时，我们认为也应该包括一个专门讨论火山的章节，以便揭示在面对某些破坏性地质现象时，建筑的无能为力。同时，我们还展示了在火山地区建造建筑的几个案例，这些建筑将符号和典故融入到地质现象中。

本书探讨了单体建筑设计概念与形式生成的关系，作为最后的反思和对建筑的启示，我们参考了维也纳建筑师阿道夫·卢斯的一本书，该书建立了犯罪与装饰之间的联系。卢斯的想法是最大限度地减少装饰，他说作为一座建筑，墓穴必须是一个没有"修饰"的"现代"物体，就像立方体是大地上的经典符号一样，他把这个概念用于自己坟墓项目中。他的话语表达了"石头即唯一"的设计概念。

"我希望我的坟墓是一个花岗石立方体，但不能太小，否则会使它看起来像一个墨水瓶。"

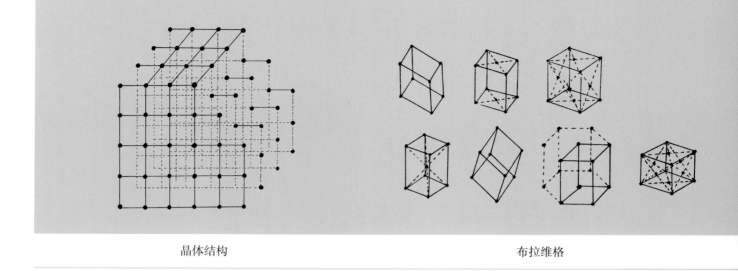

| 晶体结构 | 布拉维格 |

晶体

　　古希腊以来，人们就在不断探求理性和明晰的设计方法，并转向从自然界中寻找答案。在建筑史上，关于形式解决方案，如构图均衡、比例和谐等，主要来自于人们对植物和动物等有机领域的认识和探索。随着X射线的发现和使用，人们对无机物和矿物球体有了更加深入的认知，矿物构成及其几何比例体系被纳入到研究视野中。

　　晶体是关于美的、理想的、经典的缩影。作为矿物，晶体平面由其结构定义，而形状则由其原子内部的形成秩序决定。基本单元（称为晶胞）由固定数量的特定类型的原子组成，在三维空间上重复，形成晶格，以对称性为特征。晶格有14种类型，每种晶格由14种晶胞定义。当14个晶格和晶胞中的原子位置按照特定的对称性组合并重复时，有230种分布可能性（称为空间群）。根据它们的对称元素对这些空间群进行分类，可以得到32种对称单元，这些对称单元又分为七种晶体体系：立方体、四方体、六方体、菱形体、斜方晶体、单斜晶系和三斜晶系。这些以结晶形

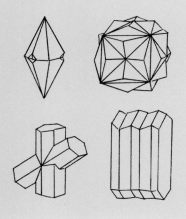

晶体系统 结晶聚合体

式存在的对称单元基本模型都可以成为建筑设计的原型，这些原型是建筑元素和形体组织的构思来源，它们能够建立起结构形式与空间表意之间的关联。

　　晶体除了形式对称的美学特征对建筑项目有所启示之外，它们的生成秩序对建筑学同样有启示意义。一个类似于晶格的逻辑几何网格，在空间和时间上控制并协调着晶体的生成过程，这对尝试以有序生长的方式生成建筑方案的项目来说，具有参考意义：晶体和建筑作品都可以通过基于最小单位的增量增长实现复杂而有序的建构。这种自我形成或结晶的过程可以很好地建立建筑与自然之间的关联，使建筑对自然的回应更加合乎理性，这无需再借用有机世界的语法实现。由逻辑网格构思而生的建筑可以控制并协调单元的形成和增长，这样可以构造出动态、开放的表面，没有固定约束，能够应对各种环境制约因素。

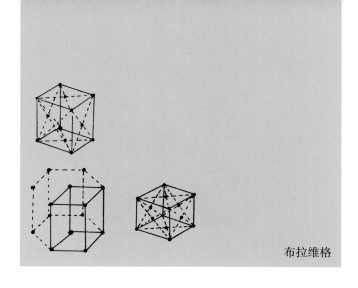

布拉维格

卡斯滕·尼科莱（Carsten Nicolai）创作团队一直将视觉艺术和音乐视为不可分割的要素。基于此，卡斯滕·尼科莱不断地在他的创作领域尝试新的方向。尼科莱早期接受过景观设计师的职业教育，他曾在绘画中找到了第一种表达手段。而后，他不断探索，将艺术、科学和音响跨界融合，形成独特的创作风格。在他寻找视觉和听觉之间的联系时，他创建了一套深入的实验体系，旨在打破我们不同感官体验间的屏障，将自然科学现象如声音和光频率转化为眼睛、耳朵易于感知的事件。Syn Chron是尼科莱迄今为止最能呈现他设计思想的作品。这项作为旅行装置的设计作品被首次安装在柏林新国家美术馆（Neue Nationalgalerie）的主厅内，它旨在创造一种建筑、光线和声音之间的共生关系。这是一个可移动的装置，可作为声学装置、共振空间或投影面使用。半透明表皮包裹的晶体体量，能够对声学和光学的产生干预。电子音乐在由艺术家创作之后，可通过激光投影形成模块化的节奏。为了配合现场表演，这个装置被设置成了昼夜运转的状态。

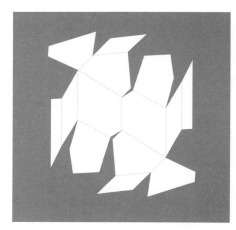

结构展开图

委 托 方：EIGEN画廊+莱比锡艺术/柏林
项目类型：艺术装置
项目地址：旅行安装
建筑面积：1076ft²（100m²）
完成时间：2005年
照片提供：克瑞斯坦扎哈，乌维沃尔特

时间集成器

卡斯滕·尼科莱

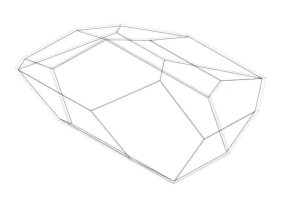

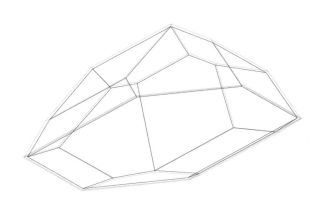

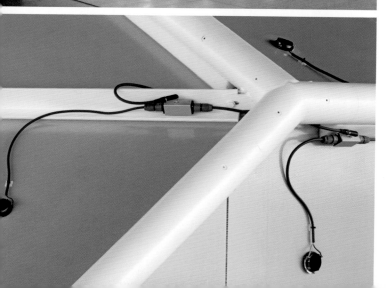

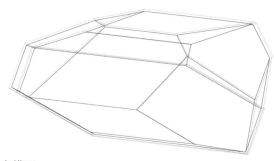

数字模型

　　这是一个充满光和声音的建筑装置，参观者可以从内部、外部甚至是远处观察它。其基本结构由钢管框架组成，这种框架具有典型晶体的几何形式。在这种结构下，外表皮使用轻质半透明面板就可以形成坚固、独立的体系。该装置方便在室外安装，它满足易于拆卸，承受恶劣天气等要求。这个可移动的建筑装置是由建筑师芬恩·吉佩尔、吉力亚·安迪和工程师维尔纳·索贝克共同开发的。声音通过面板外表面的小型发射器来传送，而多边形面板上的图像则由装置内的四台投影仪投射出来。

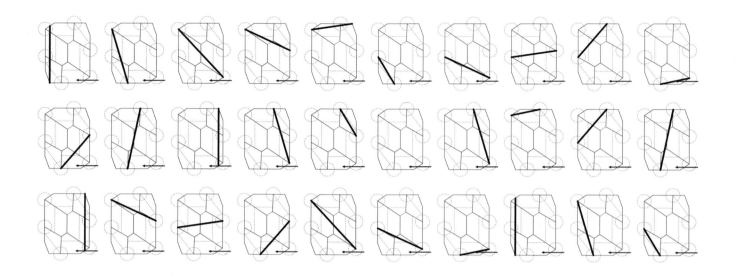

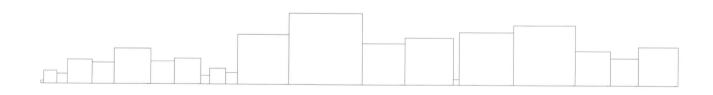

显示激光投影和声音运动的形态图表

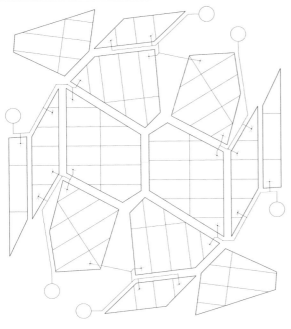

装置平面图

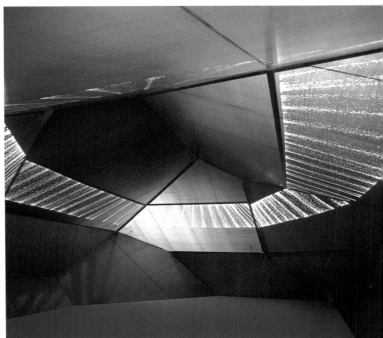

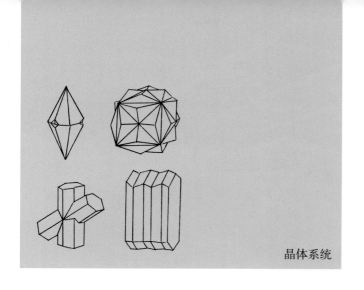

晶体系统

该项目位于德雷斯顿的一个中心社区，设计首先考虑了建筑对城市的影响。负责该项目的建筑师认为，由于政府缺乏资金投入，欧洲城市公共空间正在急剧恶化，大量城市土地被出售给私人地产开发商，为了获取最大利润，开发商建造了大量功能单一的建筑，这些建筑几乎没有考虑与周围环境的关系。该项目摒弃了单一功能的概念，将城市活动纳入建筑空间中，旨在产生一种新的城市规划思路。这种方法不仅提倡把公共空间纳入建筑内，而且更加强调建筑空间与城市其他重点区域的互动关系。该项目通过切线和对角线而非正交轴的方式，与城市广场、公共内部空间和人行步道建立起了一个动态序列。UFA电影院将派格帕兹区域与彼得舒格大街联系起来，辐射形成一个新的公共空间。建筑体量由两个紧密相连的体块构成：混凝土体块内包含了8个电影院，玻璃体块则作为大厅和公共广场使用。

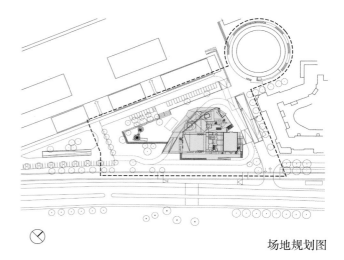

场地规划图

委 托 方：UFA剧院AG
项目类型：多功能电影院
项目地址：德国德累斯顿
建筑面积：66456ft² （6174m²）
完成时间：1998年
照片提供：杰拉尔德·祖明

德国，德累斯顿

UFA电影院

蓝天设计组

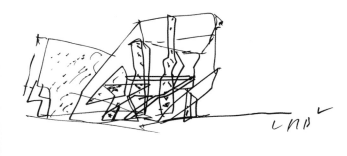

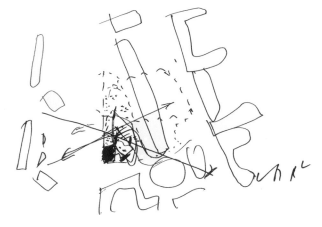

初期草图

　　从外部看，玻璃外壳具有很强的视觉冲击力，它不仅是满足内部交通的中厅，而更像是一个城市走廊，有桥梁、斜坡和楼梯，引导人们步入各个影厅内，在建筑内外和不同层次上展示人流的来往穿梭。公共空间因此被塑造成三维空间，营造出一种生动的氛围，从而唤起了电影的活力。"天窗"是由张拉钢结构形成的两个圆锥体，它的功能是一个在大厅中央漂浮着的、向普通公众开放的酒吧。

1. 室外大厅
2. 主入口
3. 室内大厅
4. 售票处
5. 服务空间
6. 剧场

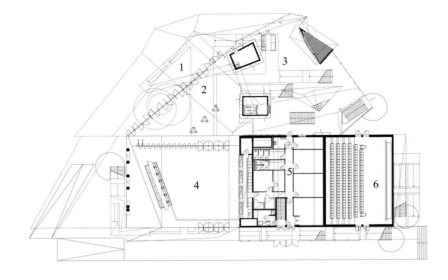

一层平面图

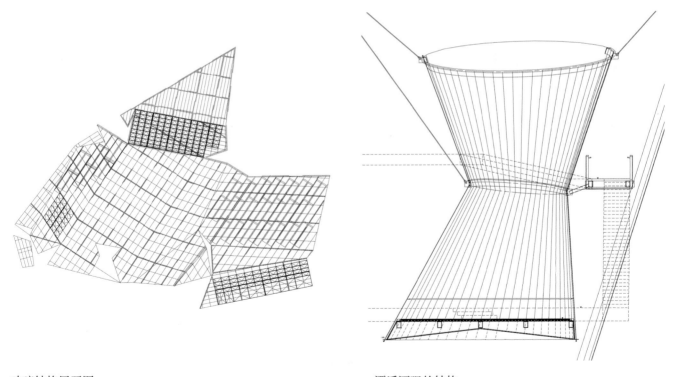

玻璃结构展开图   漂浮酒吧的结构

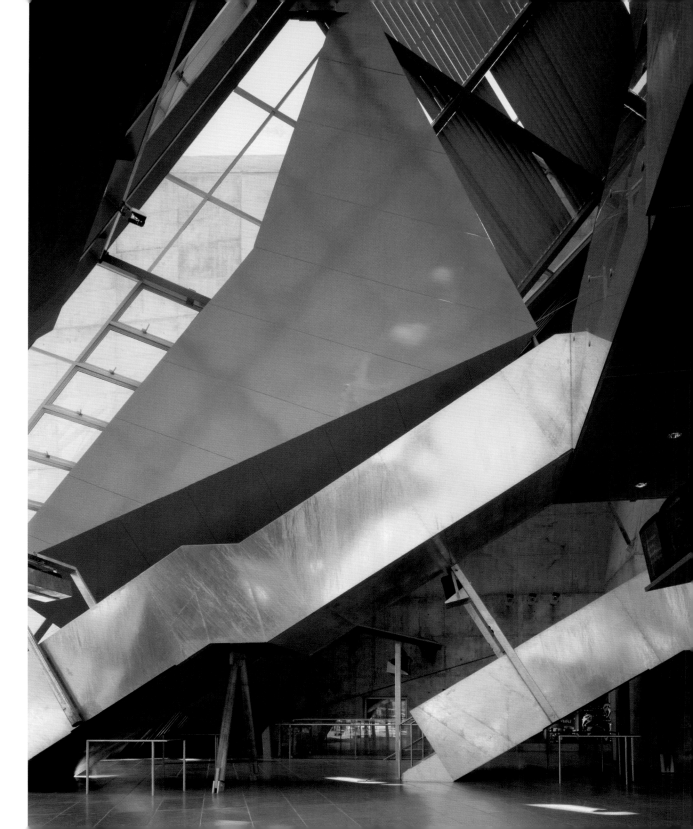

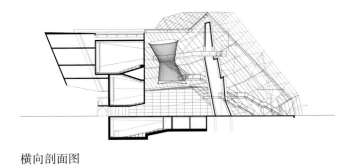

横向剖面图

纵向剖面图

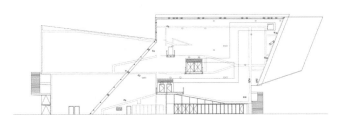

立面图

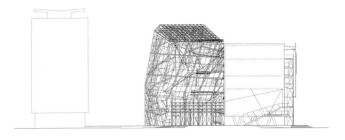

　　"晶体建筑"的设计构思使建筑内部的场景从城市中可见，正如从建筑内部去看城市本身一样。包含着电影院的混凝土块在街道层面是可渗透的，可以看到周围繁忙街道上的交通状况。通往剧院的楼梯和坡道全部以玻璃空间的形式呈现，而行政区则设在建筑物最僻静的一侧。所有的设计策略都试图产生一个与城市保持永久对话的建筑，建筑不分内外，内部的活动向外投射，从而加强了对新的城市空间的塑造力。

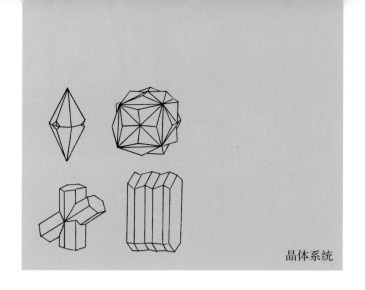

晶体系统

正如我们在本章导言中所提及的，晶体在化学和矿物学术语中被定义为由原子、分子和离子组成的固体，它们按照严谨规则的秩序排列，形成一种在三维上延伸的图案。这幢建筑是为了一个被称为"快乐社区"的小基督教团体而修建的，它位于一个以穆斯林为主的地区内。该建筑是伦敦规划的奥林匹克社区的一部分，作为一个新的礼拜场所，项目拆掉了原有的旧教堂，重建为一个多功能社区中心。从设计概念来看，建筑借用晶体的形成过程反映其内部功能。当分子凝固，晶体就会形成，在理想条件下，结果可以是一个简单的晶体，所有的原子被压缩在相同的晶体结构中，然而，许多晶体在凝固过程中可以与其他晶体一起，形成多晶固体。该建筑像晶体一样，不仅体现在结构和室内设计中，还在建筑、使用者和社区之间建立起一种联系。建筑本身代表了基督教社区本身的整合过程，以及它在社区内的独特存在。来自该地区的快乐社区成员把这栋建筑称为他们的"闪亮水晶"。

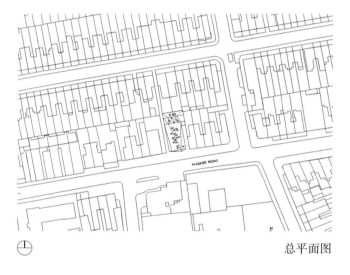

总平面图

委 托 方：快乐社区
项目类型：社区配套
项目地址：英国伦敦
建筑面积：4521ft²（420m²）
完成日期：2007年
照片提供：穆勒尼联合公司

晶体房子（未建）

穆勒・尼联合公司

形体模型

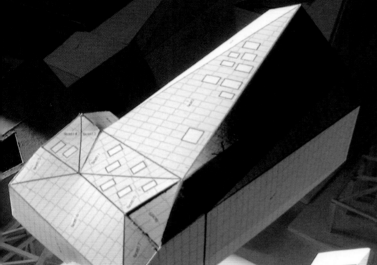

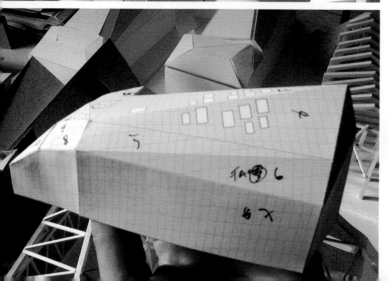

应对相邻建筑所形成的剖面和立面

为了能使该建筑在高密度城市环境中形成视觉亮点，设计对建筑阴影进行了研究，以确定合适的建筑体量。设计团队将一系列比例模型和数字图像结合在一起，以找到最适合该场域的建筑形态。这样的做法可以形成一个视觉上引人注目的建筑体量，但又不对相邻的那些带有典型伦敦东区建筑特征的两层砖砌建筑造成遮挡。通过数据参数推导出建筑物的几何形状，其最终的形体生成是基于日照阴影研究的结果。

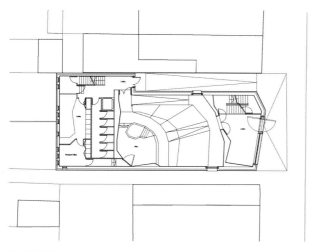

场地规划图

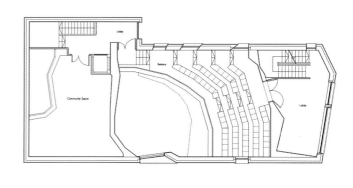

一层平面图

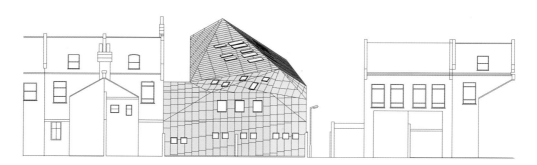

前立面图

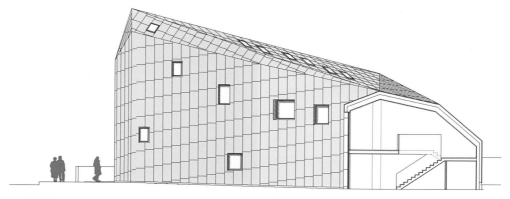

剖立面图

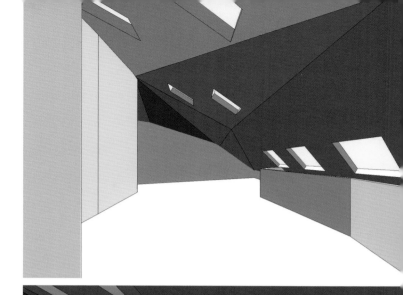

建筑师将该建筑命名为"晶体房子",它包含一个宗教服务大厅,以及外观形式与之统一的辅助空间。建筑表皮选用铜合金薄片形成表面包裹,一旦它在适当的位置并暴露于空气和水中就会改变其外观。随着时间的推移,气候条件将逐渐改变材料特有的金红色,并赋予它出乎意料的色彩组合,每一片薄片都焕发出不一样的神采。建筑内部是开放式的,各个区域之间相互联通,这得益于建筑形式促成的空间特性。

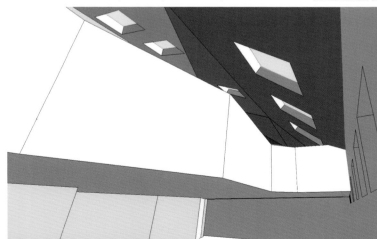

结晶聚合体

这是一个扩建项目，该建筑建于1750年，最初是一个小教堂，后来改为家庭住宅使用。它坐落在陡峭的斜坡上，周边是茂密的树林。业主希望拥有一个既能保留原有建筑坚固、神秘特性，又能满足现代化居住需求的住宅。这就需要在原有建筑语言与新时代特征之间建立起联系。这座建筑的任何一个元素都不应过分突出，所以设计将新建部分与原有部分分离，与原来的L形对称，形成了一个新的T形结构。新建部分是一个置于岩石边缘上的立方体，它好似是在树林中间放置的一块明亮红水晶——这就是"红宝石住宅"的由来。红色的运用使现存结构与周围树木形成对比，同时又成为环境过渡的中介。"宝石住宅"的设计构思巧妙而富有新意，它既协调了与自然环境的关系，又充分衬托了原有建筑的坚固性和神秘性。

场地规划图

委 托 方：安德列·西贝霍弗
项目类型：家庭住宅
项目地址：奥地利，斯坦亚
建筑面积：646ft²（60m²）
完成时间：1997年
照片提供：保罗奥特，赫特尔建筑师

奥地利，斯坦亚

红宝石住宅

赫特尔建筑师工作室

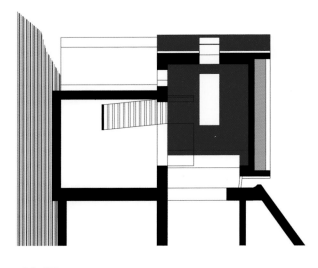

剖面图

新加建部分位于住宅的后面，这恰好呼应了从山谷底部看过来的良好视阈。通过喷涂砖块和加装工业玻璃板制成的第二层表皮，形成了红色和深色的立面效果。这种处理手法使红宝石从远处看起来闪耀夺目。与此同时，它的结构、颜色和光泽却能够随气候、季节、时间和观察者的位置不同呈现出不同的样子。虽然一条细长的水平缝隙的加入使新建体量看起来没有那么稳固，但它让房子里的人能够欣赏到山谷的全景。在红宝石内部，空间气氛以黑暗柔和为主，进一步凸显了通过这条水平缝隙所形成的景观。

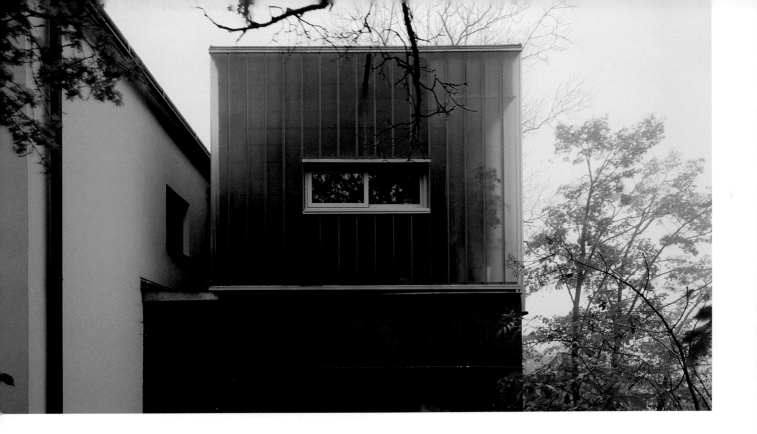

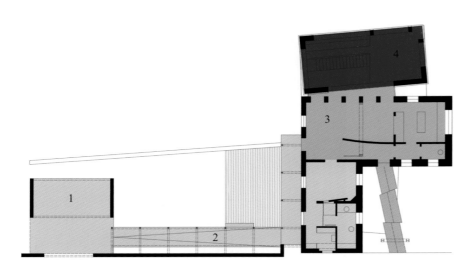

一层平面图

1. 车库
2. 斜坡拱廊
3. 原有老建筑
4. 新加建建筑

　　使用双层表皮来包裹
体量，不仅为加建建筑的
外观增添了神秘感，同时
还起到了为内部空间提供
隔热层的作用。

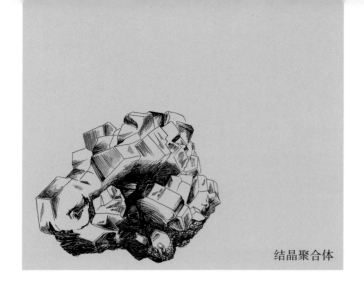

结晶聚合体

钻石房是一个加建项目，主要功能是办公室和工作室空间。建设场地位于陡峭岩石斜坡对面的峡谷之中，难以进入，施工条件极为不便，每天仅能获得几个小时的日照时间。为了新建部分能够有坚固的基础，在平整场地时需要建造厚实的挡土墙。在分析了这些极端的制约因素之后，建筑师提出了一个基于两个基本前提的设计策略：首先，开发一种几何形式，以适应地形限制下的建筑基础，并协调山地景观、原有房屋和地基的要求；其次，需找到一种独立结构的材料和建造体系，其结构需体现轻质多孔的特性，并且能够反射有限的阳光，以适应空间形式和使用功能。该结构的几何形式在钻石形态的基础上，可根据现有建筑进行调整，同时与山地景观的建立对话关系。在考虑了处于自然环境中的建筑形态的可能性之后，建筑师选择了一种单元序列，类似于钻石样式。经过多次测试，不锈钢的钻石形状组合能够最大限度地反射阳光并将光线引入到建筑空间内。

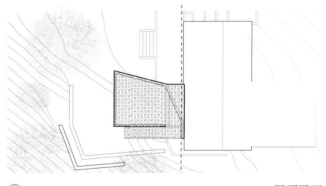

屋顶平面

委 托 方：私人业主
项目类型：加建项目
项目地址：加利福尼亚圣莫尼卡
建筑面积：646ft²（60m²）
完成时间：2008年
照片提供：XTEN建筑师事务所

钻石房

XTEN建筑师事务所

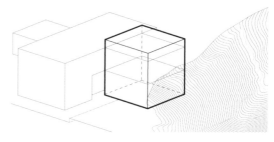

体块初始形态

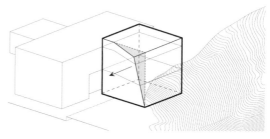

依据地形的体块变形

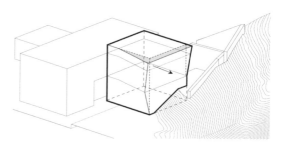

依据景观的体块变形

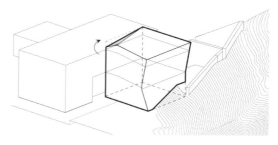

体块折叠

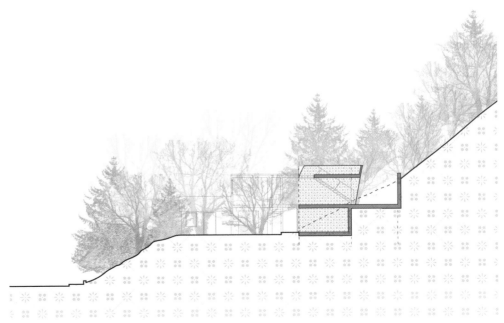

纵剖面

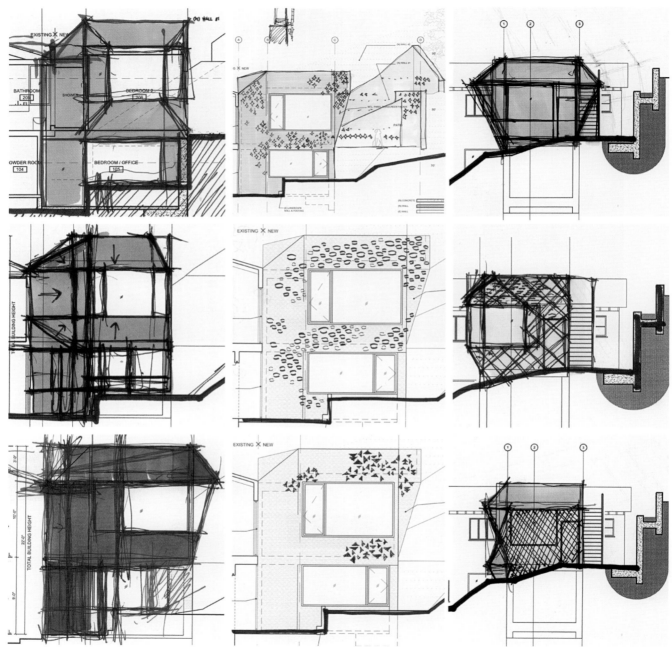

建筑形态和表皮研究

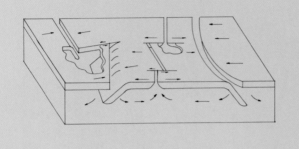

板块运动

花岗岩景观

地表地势

除了地球内部活动和构造活动导致的地势升降外，还有一些地表活动，以移动和堆积的方式形成对地球表面的覆盖，这类地表活动通常发生在人类可观测到的时间跨度内。地球内力导致了巨构地势的产生，如山、丘陵以及其他地貌形态等。受气候和自身重力的影响，这些巨构地势正逐渐被侵蚀、瓦解和重塑，从而形成了我们今天所看到的大多数的矿物景观。

侵蚀是干扰地表形态的主要因素。通过水、冰或风的作用导致岩石碎裂，形成的物质随地表运动被带到各处。通过岩化（石化）过程，这种碎片化的物质会形成沉积岩。很难想象，侵蚀可以成为一种建筑构思的手段，这类建筑在外部因素作用的影响下会被消解。然而，作为临时或短暂结构的概念，侵蚀建筑属于可持续建筑的范畴，因为建筑自身的消解被纳入到设计本身的考虑之中。令人称奇的是，这种建筑往往通过拦截和堆积材料而生成建筑自身，我们可形象地称之为沙丘建筑，它有一种像沙丘的架构，在它的表

裂缝 喀斯特景观

皮之下自成结构，通过堆积生成自身的形态。

　　此外，研究矿物景观的形成，还可以帮助我们理解一个特定地理位置的力的作用状态。对矿物形态的解读可以帮助我们解决建筑适应当地气候条件复杂性的问题。在水、风或重力作用下，岩石被侵蚀的程度取决于它的成分组成。岩石是由不同抗侵蚀程度的矿物组成，根据其硬度、晶体材料颗粒的几何分布不同，其抗拉强度、抗断裂程度及其比重等会有所不同。岩石的这些差异会形成形状各异的矿物形态，如

喀斯特地貌和花岗岩地貌，前者是由可溶性碳酸盐形成的，其形态以小型地势起伏和地下洞穴为特征，后者的显著特征则是岩石崩解形成球形或圆形。

　　从当地地质状况与环境的关系中，我们可以获得建筑形式或建构特征的参考。我们无须把建筑设计成模仿整个地形的样子，而只需将建筑变为地形起伏的一部分即可。从矿物环境中提取基本的肌理信息用于建筑设计，是一种提升建筑整体性的有效途径。

喀斯特景观

该项目涉及丹佛艺术博物馆的扩建和翻新工作。丹佛博物馆最初是由意大利建筑师吉奥·庞蒂（Gio Ponti）在1972年设计的。该扩建项目主要目的是为当代艺术品提供更多的收藏空间，并为建筑、设计以及海洋艺术提供展示空间。此外，扩建部分还需为整栋博物馆大楼提供一个新的主入口，一个能反映新项目规模的大厅，以及一条进入商店、自助餐厅和剧院的通道。新建部分的设计构思来源于对丹佛城市的综合考虑。丹佛是美国西部的一个繁荣城市，坐落在巍峨的落基山脉脚下。约6500万年前，板块沿东西方向运动、挤压导致地壳升高，从而形成了壮观的落基山脉。该博物馆扩建部分的设计灵感正是从落基山脉山势出发，运用陡峭的、棱角分明的几何图形对博物馆空间进行全新诠释。材料使用强调景观和创新性的特点。运用天然石材覆盖广场和部分街区，强化了建筑与周围城市环境的融合。建筑立面大部分由钛板覆盖，呈现出前卫、高科技的外观形象。

场地规划图

委 托 方：丹佛市丹佛博物馆
项目类型：文化建筑
项目地点：科罗拉多，丹佛
建筑面积：145313ft²（13500m²）
完成时间：2006年
照片提供：比特·布雷特

丹佛艺术博物馆

丹尼尔·李贝斯金德

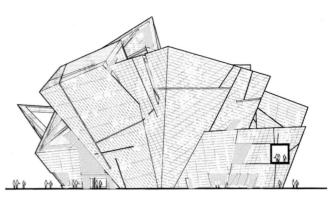

北立面

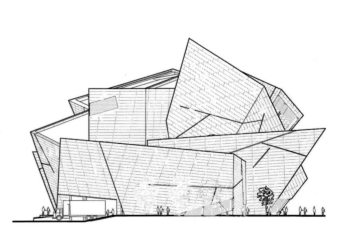

南立面

该项目的一项重要挑战是如何应对多变的光影、色彩、城市氛围以及温度和气候条件。这就要求建筑不仅在功能的物质层面作出回应，同时还需考虑文化体验等因素。扩建部分的方案以独树一帜的形象应对传统环境，但又不孤立于环境中，它与城市公共空间、历史遗迹、街道很好地融合在一起。设计从周边山势中提取设计语言，形成与山脉相呼应的建筑形态。平面在满足各项功能的同时，很好地统筹了环境的各项制约因素，并对诸多社会因素作出了积极的回应。建筑的空间秩序决定了公众空间的组织形式，这种空间对参观者形成的影响力早已超越了建筑本身。

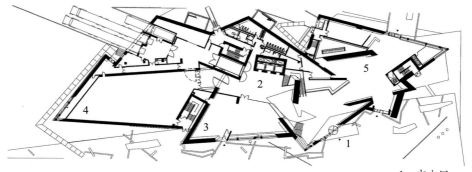

一层平面图

1. 主入口
2. 门厅
3. 商店
4. 临时展览空间
5. 永久展览空间
6. 办公

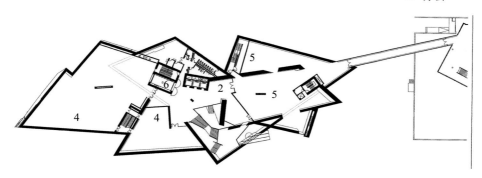

二层平面图

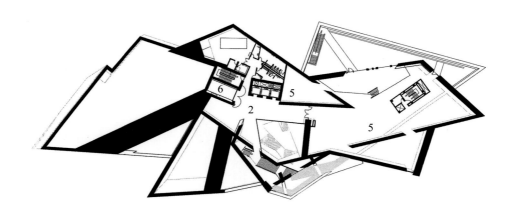

三层平面图

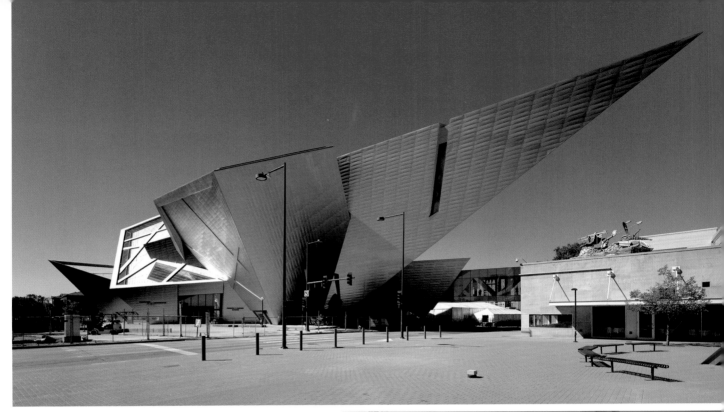

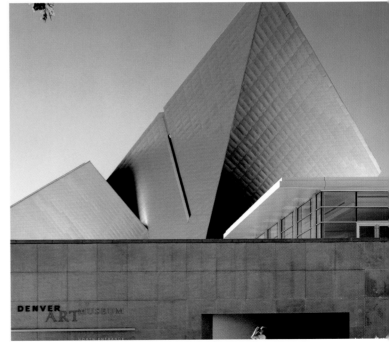

该建筑呈现出碎片化、棱角分明的体量特征，这种构思正是源于对落基山脉的解读和提炼。同时，选用钛金属作为表皮材料，能够充分突显的建筑体势，建筑形象在城市环境中脱颖而出。

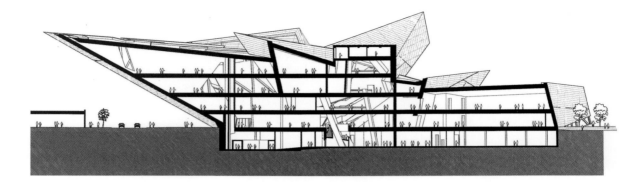

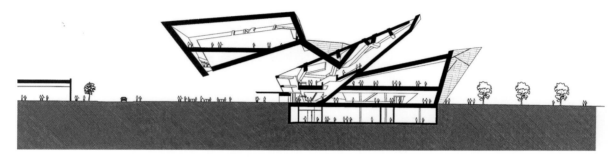

纵向剖面图

 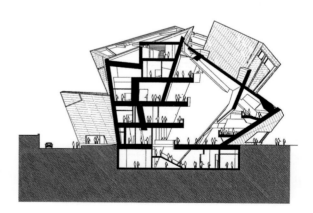

横向剖面图

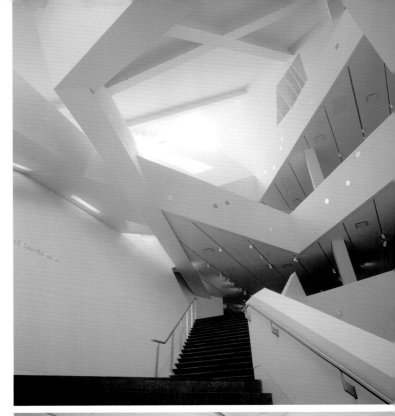

　　建筑师顺应了21世纪博物馆建筑创作的发展趋势，在设计中巧妙整合了传统和现代之间的对立。设计强调了建筑之于环境的生态意义——即建筑是整体环境的一分子，在环境中起到重要的媒介和过渡作用。建筑中不论是光线还是其他各项运行系统，都能够与参观者形成互动关系。博物馆不再是一个抽象的建筑形式，而是成为反映公众愿望的地方。它采用最新技术与传统融合，营造出一个和谐的、整体的场所氛围。

裂缝

斯宾塞表演艺术剧院充分融合了建筑师和业主的想法，在建筑空间、景观塑造和风景艺术等方面，都颇具特色。该建筑位于新墨西哥的斯坦顿高原的两山之间，其东侧壮观的日落风光和西侧的布兰卡山脉景色构成了该区域的核心景观。夏季太阳运行的轨迹被投射在山脉上，这成为设计概念和建筑形式生成的重要参考因素。建筑体量像一座由多块坚固巨石构成的白色山体，通过雕琢，与光线、自然景观和相应活动发生关联。建筑的剧院部分模仿周围山脉的姿态，形成突出的体量，具有强烈的感染力。观演区域呈梯形，从东西方向逐渐向舞台区域打开。行政办公室、大厅和咖啡厅位于建筑的南半部分，这里与外部环境隔离，阳光充足，气氛静谧。

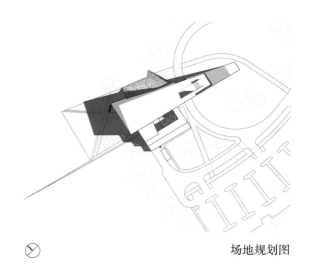

场地规划图

委 托 方：杰基斯宾塞，斯宾塞基金会
项目类型：文化建筑
项目地点：奥托，新墨西哥州
建筑面积：52097ft²（4840m²）
完成时间：1997年
照片提供：蒂姆·赫斯利

美国，奥托

斯宾塞表演艺术剧院

安托内·普雷多克

建筑巨大的体量就像高原崎岖地带的地质构造，在大地表面展露出来。在北侧裂开一道缝，从这个裂缝中生出一个晶体。晶体犹如镶嵌在风景中的一盏明灯，半透明的外壳由一系列尺寸各异的三角形玻璃板组成，它是整个建筑的入口，同时服务于建筑内部空间。通过两倍高度的体量来强调水晶体密闭庞大的空间，其中心用来举行大型会议。该建筑中的各种裂缝形成了不同区域之间的连接，并建立了整个建筑群与外部空间之间的联系。

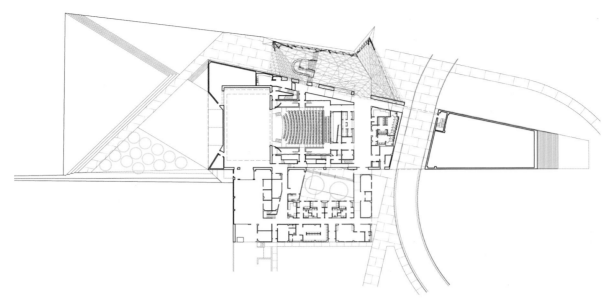

平面图

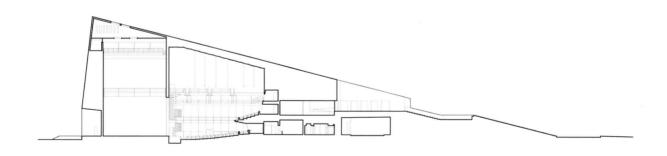

纵向剖面图

该项目为游客提供了一个渐进式的行进路径：从建筑内部的水平空间延伸到垂直空间。晶体发出的柔和光线形成一系列几何图形，通过光影投射到剧院光滑的石材表面上，吸引了远处的游客。进入建筑内部，在水晶体的引导下逐层上升，最终到达顶层的贵宾室。从这个特殊的角度看，高原景观被重新发掘，构成这一自然景观的两条山脉也得到了充分利用。该综合体以其强烈的艺术感染力巩固了其作为区域文化中心的地位，成为斯坦顿高原不可或缺的组成部分。

花岗岩景观

东京市的建筑条例规定，该市的住宅建筑必须提供自行车停放和垃圾收集的专用空间。一般来说，在一个项目中，上述空间通常只扮演一个无关紧要的角色，不夸张地说，相对于其他建设项目，这个规定只是一个次要部分。然而，这座位于东京居民区的富谷公寓楼最引人注目的地方，恰恰是提供自行车停放和垃圾收集双重功能的小屋。因为它们都需要在建筑内外皆易到达的地方，建筑师将两者结合在一起，他把这个小建筑元素放在西北角，这是停车场最显眼的部分，它的视觉开放度为70°，位于小路和宽阔大道之间的交界处，这两条道路界定了基地的边界。从外部看，建筑形体好像是一座神圣的礼拜堂，藏着深奥的谜，等待着我们去一探究竟。这样的建筑形式并不符合任何一种理论的推导或预设的准则，而是出自建筑师的灵光一现，建筑师自己也说不清这种形态的由来。但毋庸置疑的是，该建筑作品呈现出了一种很强烈的地势运动状态，而且随着时间的推移，外层金属板会改变建筑的外观，设计构思中的以上两个特点的呈现，都是受到地球表面地势地貌状态的启发而形成。

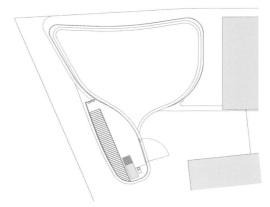

场地规划图

委 托 人：圭一梅原
项目类别：住宅设施
项目地点：日本东京
总 面 积：538ft²（50m²）
完成时间：2005年
照片提供：龟村一郎及其合伙人
　　　　　（Koichi Torimura / Nacasa & Partners）

富谷公寓大楼

冈田信弘建筑师

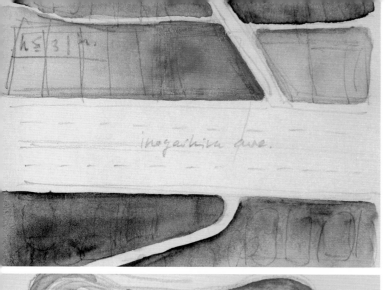

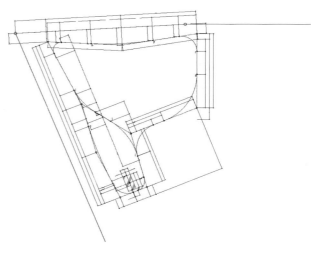

平面图

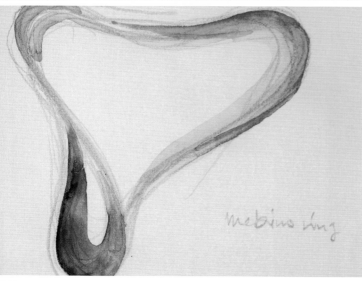

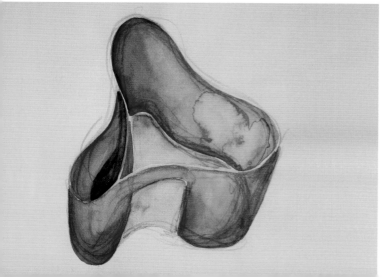

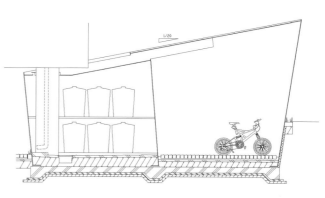

剖面图

在设计之初，建筑师在纸上勾勒出各种草图，然后用轻质纸板制作出多个模型。这些模型可以让他根据一个连续的带状图形来推导空间并形成设计意向。带状图形所产生的空间被一分为二：一个用来停放自行车，另一个用来停靠垃圾回收车。在研究了各种可能性之后，建筑师提出一个具有实验性的整合方法，他用数字化的方式确定了建筑规模，并在此基础上生成一个可行的建筑。这个小小的建筑，犹如从另一个世界拯救出来的景观的碎片，把建筑空间转变为一种视觉体验，将住宅建筑与许多周围的其他建筑区分开来。

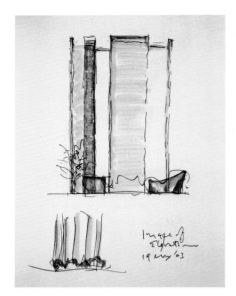  

初期草图

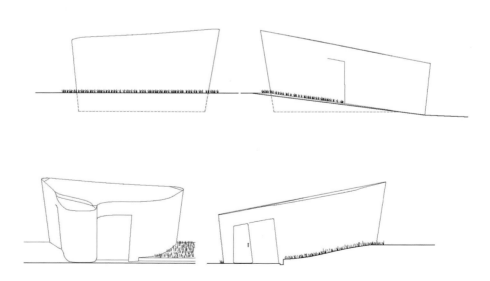

立面图

建筑看起来像一个临时装置。钢铁环绕，暴露在上面的锈蚀，暗示着地球表面的侵蚀，它为周边居住区营造出一种令人回味的视觉冲击。

弯曲的钢板为内部空间的划分提
供了可能性，微小的裂口形成了入口
和窗户。

喀斯特地貌

住宅雕塑般的外观给人留下了深刻的视觉印象，建筑师试图隐喻峡谷的存在。墙体从地面生长出来，犹如亚利桑那州沙漠周围的典型地质结构，所形成的一系列空间从主入口一直延伸到私密区域。这些墙体以不对称的方式生长，把人们的目光引向关注建筑几何形状的同时，也将周围引人入胜的沙漠景观突出强调出来。建筑形态以此为背景，通过一系列露台和台阶，与地平线融合，建立起了与户外空间的连接。在物业东北部向自然斜坡延伸的方向上，是两层的楼房，它们解决了基本的住房需求。一层的一半被嵌在岩石中，向西南侧开敞，自然光可以被充分利用。二层与一系列岩石平行设置，这是对基地凹凸地形作出的有效回应，且兼顾了窗户能最大数量的向外开启。

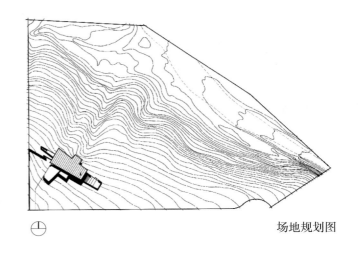

场地规划图

委 托 方：比尔，卡罗·伯恩
项目类型：家庭住宅
项目地点：亚利桑那州 斯科茨代尔
建筑面积：4306ft²（400m²）
完成时间：1998年
照片提供：比尔·狄默曼

美国，凤凰城

伯恩住宅

威廉·布鲁德建筑师事务所

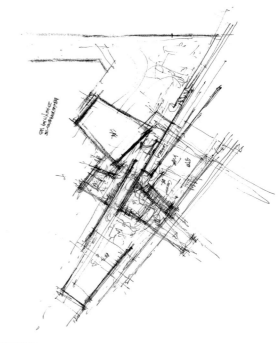

初期草图

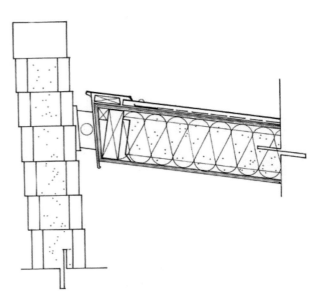

细部构造

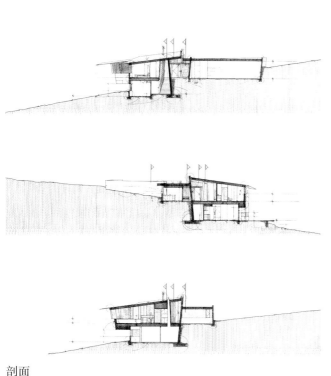

剖面

建筑的承重墙垂直倾斜，戏剧性地勾勒出景观全景。墙体的钢筋混凝土结构通过在顶部连接它们的弯曲金属支撑件提供牵引力。该建筑模仿自然的特性，通过使用当地典型材料和精加工的方式得以强调，例如沙子、砾石，以及从该地块衍生出来的聚合物，以及外墙的乡土风格等。在建筑基础开挖之前，对建筑物和外部覆层的材料进行了仔细的筛选，由此建造出的倾斜墙体看起来如同土地本身的褶皱一样。

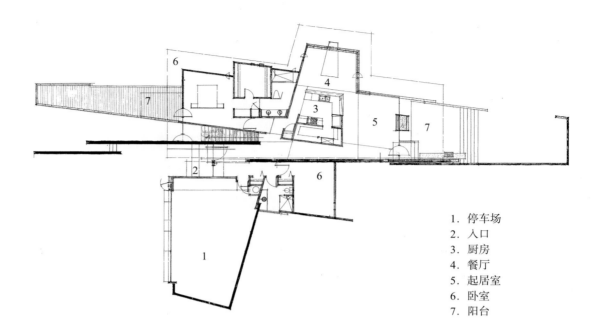

二层

1. 停车场
2. 入口
3. 厨房
4. 餐厅
5. 起居室
6. 卧室
7. 阳台

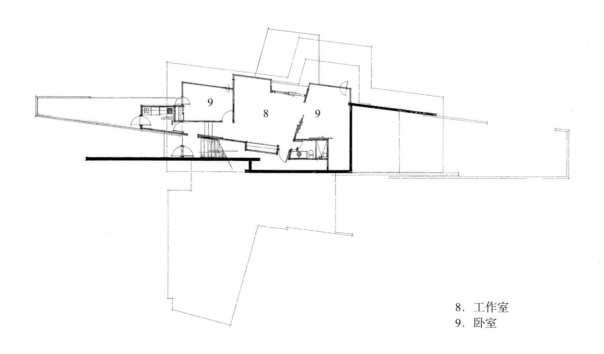

一层

8. 工作室
9. 卧室

作为对混凝土墙的补充，并且作为建筑空间构成中的对比元素，一系列组件、内墙和顶棚都选用石膏、铜或镀锌钢作为装饰材料。这些材料的色彩以户外景观为基础，从紫色到浅棕色不等，它们混合着纹理，相互影响、相互作用。事实上，随着时间的流逝，它们的外观也会随之改变，对它们的感知也会随着时间、天气和季节的变化而变化。表皮采用非反射玻璃制成，每一个门窗都诠释着该建筑所采用的形式语言。

裂缝

该项目是要为韩国首尔梨花大学建造一个新的体育校园。此项目不仅要满足建筑的功能需求，还要解决复杂地形及其与整个校园和南部新村的关系。设计要求远远超出了项目地块本身，为了将大学融入城市结构中，需要从城市规划的尺度考量并辅以相应的景观设计。设计方案尝试建造了一个结合运动带的人工山谷。这种在校园空间中引入一种新地形的做法，以不同以往的方式影响着周围的景观，并同时实现了多种功能：它为大学校园提供了一个新的入口，形成了日常体育活动的场所；同时，还成为了年度庆典的节日场地；值得一提的是，它成为了城市和大学之间的连接纽带。体育带让人想起水平围栏，向新村的居民展示了大学生活，同时也向大学展示了周边的社区生活。在这个人造山谷的内部，行人的来往活动呈现出积极的可见性，创造出一个全年都热闹非凡的新公共空间。这种在地形上通过挖出一条裂缝的做法，打破了原有场地各建筑之间毫无联系的局面，建立起了东西方向间的联系。

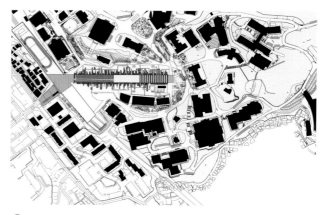

场地规划图

委 托 方：梨花女子大学
项目类型：文化建筑
项目地点：韩国首尔
建筑面积：753474ft²（7000m²）
完成时间：2007年
照片提供：多米尼克·佩罗

梨花女子大学校园项目

多米尼克·佩罗

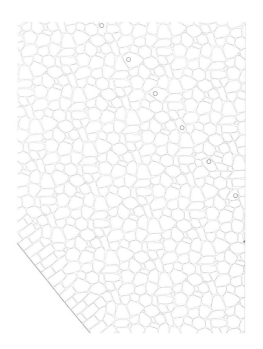

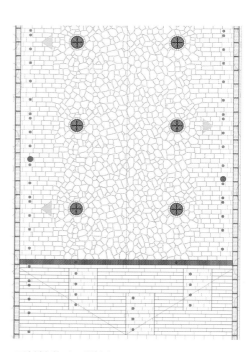

石材铺装地面详图

　　虽然目前大学已经完全融入了首尔大都市区，但校园最突出的特色仍然是其自然元素。依据地形运动形态设计的建筑外观充分体现了自然特征。大面积草坪、花草和树木共同构成了建筑物的覆盖层，体现了建筑与景观相融的设计理念。楼梯和滨海艺术中心的外饰面使用了天然石材，这种材质进一步促进了建筑融入自然的过程，并呈现出一个田园诗般的花园，这里成为举行特殊会议、非正式露天课程或纯粹简单放松的理想场所。这些材料的使用再次强调了建筑、校园和城市之间的相互联系，消除了新旧建筑之间的屏障，强化了建筑和景观之间的关联。

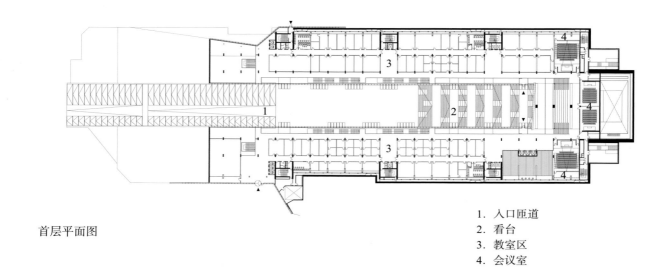

首层平面图

1. 入口匝道
2. 看台
3. 教室区
4. 会议室

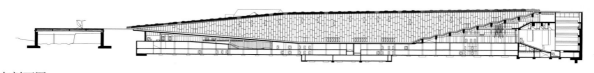

纵向剖面图

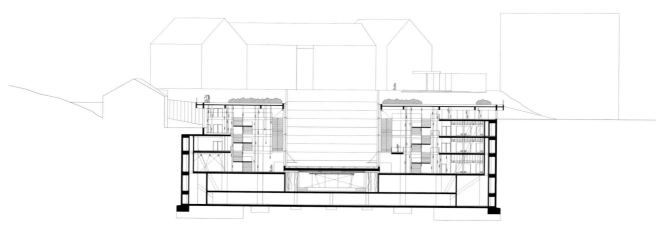

横向剖面图

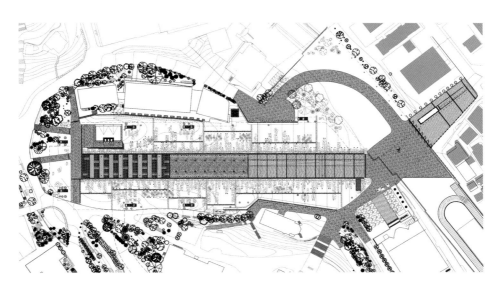

总平面图

　　该项目所提供的人工地形将游客从外部引导至建筑内部的大厅和教室空间，并沿一条路径将人流引向一系列多功能空间。

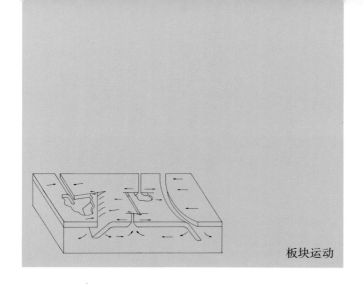

板块运动

欧蒂娜·戴克是为数不多的享有国际声誉的女建筑师之一。戴克与伯努瓦·科尔内特合作，在1996年的威尼斯双年展中夺得了金狮奖，其主题是"建筑——社会振动的探测器"。她的设计表现出对高科技的偏好，其主要特点是内部和外部之间、形体和空间之间的永久张力。戴克赢得了奥地利南部小镇诺伊豪斯的廖尼格收藏新博物馆竞赛。赫伯特·廖尼格是该国最大的艺术收藏品的拥有者，其中包括从赫伯特·博克尔到沃特鲁巴等奥地利主流艺术家的近2000件作品。廖尼格邀请了五位建筑师为博物馆提交设计创意。欧蒂娜·戴克的设计因其对周围环境的尊重和理解而脱颖而出。欧蒂娜·戴克将这座位于自然山丘上的建筑描述为"博物馆作为一种景观形式"，并将其定义为"互动景观概念"。该项目以地形的平缓褶皱和斜坡为线索，通过双曲线玻璃抛物线的运用，对可移动的、波浪形的屋顶形式进行了重新诠释。土地与建筑物间的交叠设计形成了游客通往博物馆的路径。

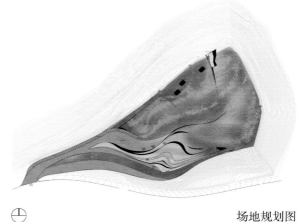

场地规划图

委 托 方：赫伯特·廖尼格（Herbert Liaunig）
项目类型：博物馆
项目地点：奥地利，诺伊豪斯
建筑面积：48438ft²（4500m²）
完成时间：2007年
照片提供：欧蒂娜·戴克与伯努瓦·科尔内特联合事务所

L博物馆

欧蒂娜·戴克与伯努瓦·科尔内特联合事务所

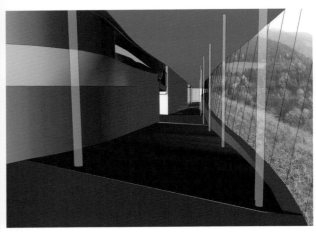

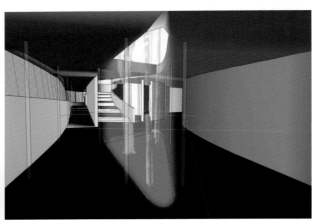

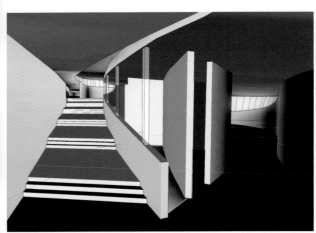

博物馆内景

这栋建筑物的建筑语言是以屋顶形式为基础的。屋顶似从地面长出，与建筑周围的群山相呼应。这些巨大表面被扭曲和压缩，形成一个可以俯瞰山谷、城镇和城堡的新视点。屋顶上的波浪延伸到建筑之外，用来形成通向建筑的路径以及一些户外露台，从而强化了"博物馆作为景观形式"的观点。入口采用倾斜曲线包围的方式形成玻璃走廊，通向博物馆的各个画廊空间。这种曲线给周围景观带来了新气象，创造了一系列犹如历险记般的探索空间。每一个空间都有步移景异的效果，给室内艺术品和室外风景提供了多层次的欣赏视角。

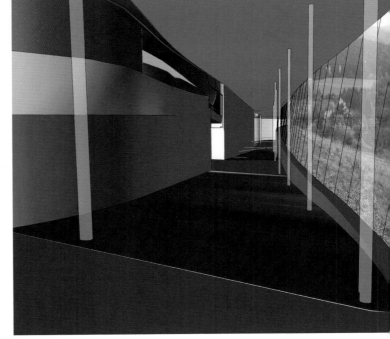

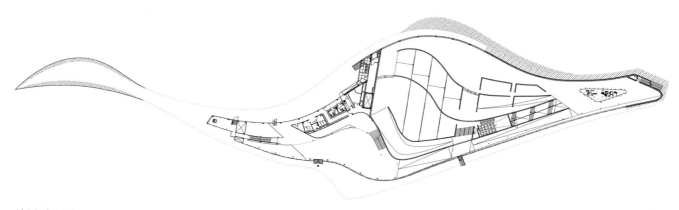

首层平面图

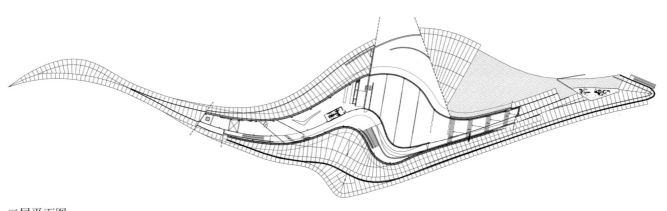

二层平面图

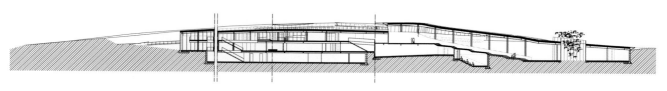

纵向剖面图

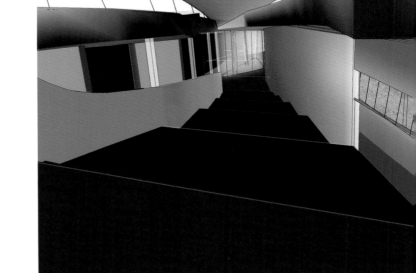

建筑周边的地形被改造为波浪形
花园，该花园再次强化了屋顶形式，
将建筑更加充分地融入景观之中。

洞穴剖面　　　　　　　　　　　　　　　　　　方解石洞穴

矿物空腔

　　洞穴、深渊、晶洞以及其他形式的空腔都是矿物空腔的表现形式，它们的形成是由于矿物的抽离。通常所说的空隙、孔洞或洞穴都广泛存在于广阔的矿物世界中。这些空腔的成因各有不同。对于石灰石中的空腔，水是形成空腔的关键，因为它稀释了矿物质，矿物质被水流带走，形成洞穴；在火山地区，空腔则可能是由于熔岩涌出造成的，随着火山喷发，大量岩石从火山山体中脱离出来，形成洞穴；人类的采掘活动也会产生洞穴，如采石场开采矿物形成的矿坑，为满足某些需求开挖岩石所形成的平台或地段，为修路

而挖的隧道，以及由于居住需求而开凿出的窑洞等。

　　减法建筑因它的生成方式而得名。它不像通过添加材料建造的传统建筑，减法建筑是通过材料的抽离形成建筑空间。这一"负"的过程主要优点在于借助土地或岩石的受力来创造自然承载的建筑。这类的建筑人类已经使用了几个世纪，特别是在乡村环境中，作为牲畜的庇护所，作为工具的储存空间，作为生活的家园，洞穴建筑充分展现了它可持续、环保的特点。由于地层具有储热和隔热能力，洞穴在冬季和夏季能够保持恒温，这使得它成为生态建筑的杰出典

坑洞　　　　　　　　　　　　　　　　　　从洞穴内部看

范。洞穴建筑或被置于地下，或被矿物材料包裹，它们这种不易被暴露和察觉的特点能够使它们毫不费力地融入到环境景观中。

　　在建筑学中，开凿洞穴的实践还有另一层重要意义——发掘矿物作为结构的潜能。建筑中使用裸露岩石的做法能够展现建筑潜在的美学特征，为建筑空间增添资彩。不仅如此，建筑还可以作为一种工具，揭示地层或岩层的地质结构，展现项目所在地的地质史学特征。建筑从洞穴到成为可供人居住的空间，将隐含在矿产中的地质档案融入到设计语言中并呈现出

来，这类的建筑可称为"变余建筑"（借用地质学术语）。以上，都引导我们将目光锁定到矿物世界中。

　　最后，从探索矿物形态的角度来丰富建筑设计的实践，我们或许可以关注一些常见项目，比如像采石场这类为了其他目的而被挖掘清空的空间。这些经过开采而被废弃的场地，可以转化为趣味十足的新建筑空间。

坑洞

安藤忠雄凭借其对日本传统文化和世界现代文化的全新理解和诠释，成为了当代最杰出、最著名的建筑大师之一。尽管他没有经历过正规的建筑学训练，但他于1969在日本大阪开设了自己的建筑工作室。虽然他也会像其他现代建筑师一样使用新的材料和先进的技术，但他的想法与其他日本当代建筑师所推崇的消费主义和唯物主义却相反。在他创造的空间中，更加注重人的体验，以达到活跃空间的目的。正因如此，他成功地开拓了属于他自己的建筑语言——这种建筑语言通过简单的建筑形式，光线的细致处理，以及水的灵活运用得以实现。池中艺术博物馆位于直岛，直岛地处日本四大岛屿之中，在行政管理上起着重要的作用，该岛是日本四个岛屿中人口最少的岛屿。安藤忠雄从1988年就来到了这座岛上，这里也是他最为熟悉的地方，在此期间他曾负责过该地的三个设计项目。池中艺术博物馆坐落在一座山的山顶上，这座山上还清晰地存留了一部分古老海洋湖泊的痕迹。池中艺术博物馆的设计策略与他之前设计的安东尼奥住宅及其附属建筑〔大约1969英尺（600m^2）〕的设计策略异曲同工，两个设计中他都将建筑空间嵌入地下，以呈现项目周围连续且独特的自然景观。除此之外，在最近的一个项目中，安藤甚至大胆地将整个博物馆嵌入地下，以保护濑户内海和岛屿山丘的美丽景观。

场地规划图

委 托 方：直岛福井艺术博物馆基金会
项目类型：博物馆
项目地点：日本，直岛
建筑面积：29633ft²（2753m²）
完成时间：2004年
照片提供：安藤忠雄，松冈三光

池中艺术博物馆

安藤忠雄建筑师事务所联合设计公司

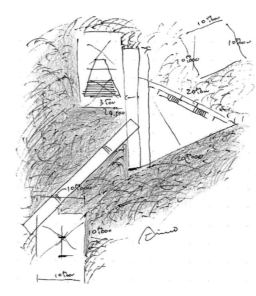

屋顶风貌

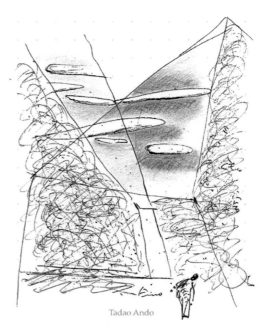

Tadao Ando

立面细节

　　这座博物馆有幸收藏了三位艺术家的永久馆藏：印象派画家克劳德·莫奈、当代艺术家沃尔特·德马法和詹姆斯·特瑞尔。与安藤的其他作品相似的是，这个项目以其严谨的几何形式、纯净的空间，尤其是对光的巧妙运用而闻名于世。通过清空山体和重新建构的方法，使建筑中的三个主要空间有机组合，空间中充盈着戏剧性带来的遐想。主入口两翼分别是一个三角形庭院和一个方形庭院，两个庭院均完全嵌入地下。与此同时，外部走廊则充当了连接两个区域的必要通道。

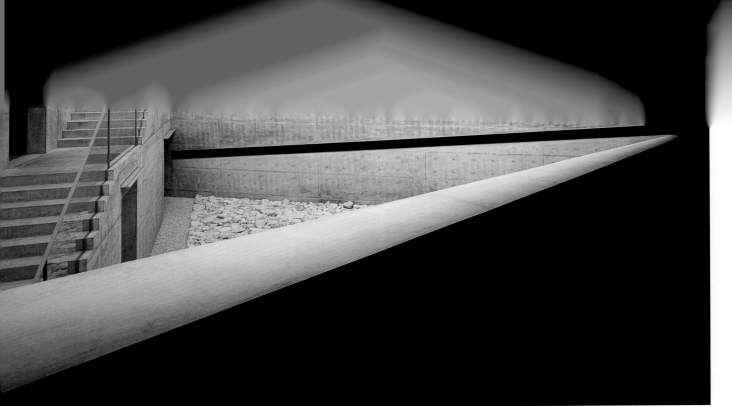

在内部庭院的设计中，通过两个立面上简练、完整的裂缝，勾勒出了极其微妙的结构和构造装置。建筑内有一条长达131英尺的廊道，自然光线会透过通透的屋面照射到廊道内，给游客一种独特的空间体验。

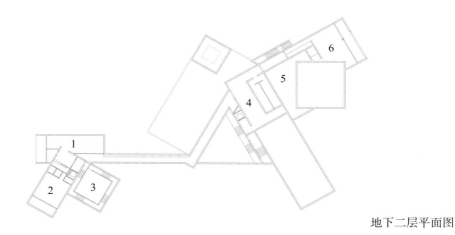

地下二层平面图

1. 入口和商店
2. 办公室
3. 楼梯间
4. 大堂
5. 机房
6. 管理办公室

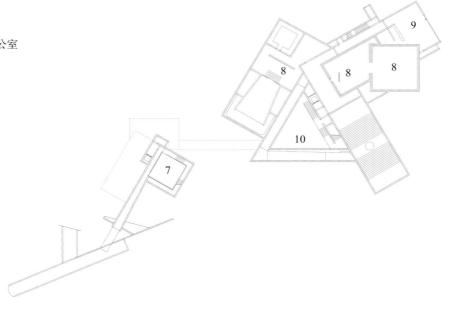

地下一层平面图

7. 入口庭院
8. 画廊
9. 咖啡厅
10. 庭院

一层平面图

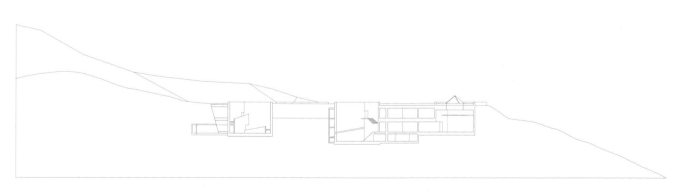

纵向剖面图

尽管这座建筑被完全掩于地下，但它却为游客提供了与外部海岸和周围全景不断连接的空间。在建筑内部能够体验到建筑连续的洞口与山体巧妙的连接。由这些坑洞所创造的几何图形是组织构图的唯一元素，虽然它们并不反映或暗示任何方向性。而且，地形的自然坡度能够让人们在山腰周围的地方完全不受阻碍地观看到风景。这座画廊是现代艺术家和博物馆馆长密切合作、共同开发的结果。

洞内景观

赞扎马斯位于加那利群岛的兰萨罗特岛的中心——特吉塞市区，位于圣巴托勒姆和塔希奇之间。这片平原因其丰富的考古遗址而闻名于世，这里最有价值的遗址是古代居民的遗迹。经过几十年的酝酿，当地部门旨意建造一个专门研究和展示该岛原始居民文化的建筑项目。除了从遗迹中挖掘出的物品外，原始居民的居住场所也将被复制并展出。因此，对于这座建筑来说，每种遗迹的位置及其与自然环境的关系都至关重要，因为日照、地区主导风向、当地主要种植作物、地貌特征等，都必须得到尊重并经过严格的评估，这些因素在设计中均需加以考虑。该建筑最核心的设计手法是将大部分的博物馆空间建造于地平面以下，也就是在农田下方。完整的建筑顶面被纵横的裂缝分隔开，使光线能够透过裂缝进入室内画廊。在东西两侧，建筑完全隐藏在地下，并通过特殊的管道获得照明和自然通风。事实上，这座建筑主要由人工还原的考古发掘成果以及岛上第一批居民的原始住所构成。建筑由很多洞穴组成，洞穴的设计灵感来自于考古的研究成果，这些成果可能是岛上第一批居民的物品。此外，建筑窗户使用粗糙的材料，强化了建筑的基本形式。

航拍图片

委 托 方：加那利群岛 兰萨罗特岛的土著民族
项目地点：卡布利多岛海岛
项目类型：文化建筑
项目地点：西班牙兰萨罗特岛
建筑面积：48395ft²（4496m²）
完成时间：2007年
照片提供：AMP建筑师事务所，希索铃木

赞扎马斯考古博物馆

AMP建筑师事务所

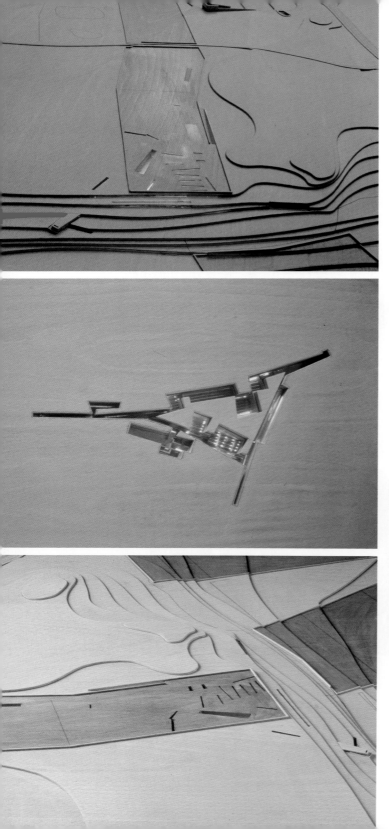

初期草图

　　与众不同的是，一条笔直的高原公路贯穿了整个博物馆，这条公路起于该岛首府阿拉斯费，公路的末端是一个大型滨海入口。博物馆前的大广场的平均坡度大约在3.2%左右，这一坡度能够自然地引导小汽车和公共汽车驶入地面以下约10ft（3m）的地方。这一微妙的设计成功规避了汽车在这样一个平坦且多变的景观中突兀的存在。停车场设于博物馆的东西两侧；博物馆北侧则设置了售票处和观众入口，即由此展开对博物馆的参观。博物馆展示了研究人员从陆地上挖掘出的一系列地下空间，并向人们详细展现了加那利群岛最早居民生活的各个方面。

博物馆的主体部分只能从地下
［6ft（5m）以下的地表层］看到，而
外部展览空间则被巧妙地设计在了一
个内部庭院之中。

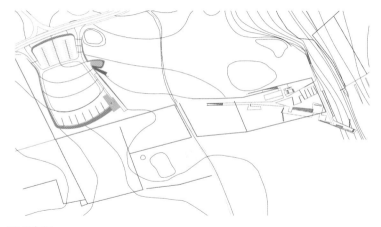

平面布局

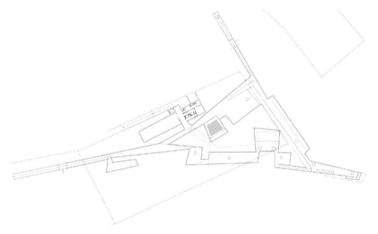

一层平面图

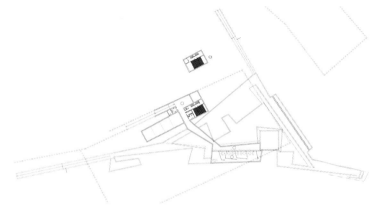

二层平面图

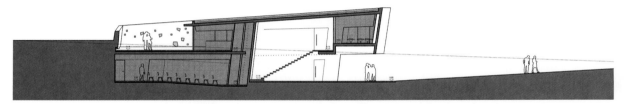

纵向剖面图

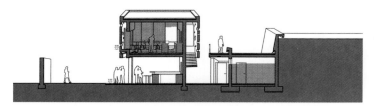

横向剖面图

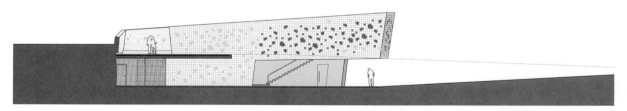

侧立面图

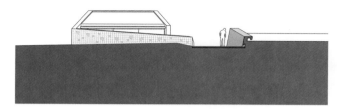

正立面图

从岩石中开凿出来的长坡道通往建筑的主入口，室外景观成为了博物馆的第一个展品，得以第一时间呈现在人们眼前。建筑内部空间相对黑暗，使人产生一种进入到原始居住空间内部的感觉。通过窄窄的裂缝或者粗糙的开口，光线被极其细腻地引入到室内，空间的深度被淋漓尽致地展现出来。展览空间非常灵活，可存放陆续出土的藏品，并对外展示。画廊采用的曲面钢筋混凝土支撑结构，除了满足画廊展览空间之外，还可以设立一个技术部门，展览设施可根据展览要求进行调整。

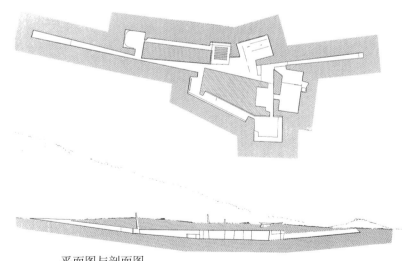

平面图与剖面图

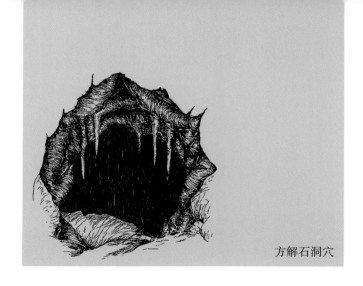

方解石洞穴

荷兰曾在发展中国家建设了很多大使馆和领事馆项目。独到的建筑语言以及创造性地应对特定环境下的文化和气候，为他们赢得了极好的建筑声誉。该荷兰新大使馆位于埃塞俄比亚首都亚的斯亚贝巴的郊外，占地12英亩（原为桉树林地），基地缓缓的向中心山谷倾斜。原有旧建筑经过重建和扩建，现已成为副大使官府邸和法院工作人员的三个住宅，同时还包括办公室和对外开放的主要入口。这组建筑坐落在地块中央，四周环绕着桉树，从纵向上看，建筑好像刚从岩石中挖出来一样，建筑风格与埃塞俄比亚传统建造的教堂如出一辙。这种效果的取得除了材料的选择之外，还通过壮观的长方形体量、其相对于中空区域的厚重的比例，以及精细的施工过程来实现的。所有外立面都选用粗糙的混凝土材质，强调了混凝土装饰的印迹纹理，而红色的运用也准确地模仿了周围土地的颜色。

场地规划图

委 托 方：荷兰外交部
项目类型：大使馆、法院和住宅
项目地点：加巴斯，埃塞俄比亚
建筑面积：35521ft²（3300m²）
完成时间：2005年
照片提供：克里斯蒂安·瑞奇

埃塞俄比亚，亚的斯亚贝巴

荷兰大使馆

迪克·凡·加梅伦，比亚恩·马斯布鲁克

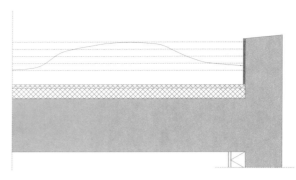

屋面细部

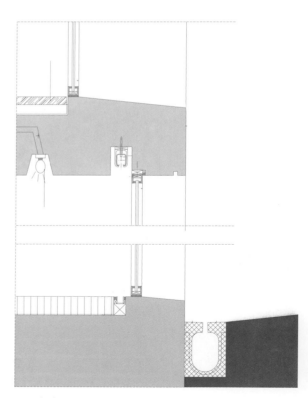

立面细部

建筑在整体上被分成了两部分，自然景观将两组建筑串联起来。这一设计不仅将住宅区与办公区分开，而且加强了建筑物之间的联系。穿越这一地区的道路的同时也穿过了该建筑，为过客和居民创造了一个有遮蔽的入口空间。建筑南北方向由一个连续的表面组成，东部和西部的高地却更类似于雕刻和仿制的石头。人在道路上行走就能够清楚地看到一部分屋面。而沿着建筑的顶部行走，则可以看到一个浅浅的人工水池，这一景观能够勾起人们对处于埃塞俄比亚崎岖景观之中的荷兰平原的回忆。

屋顶平面图

二层平面图

一层平面图

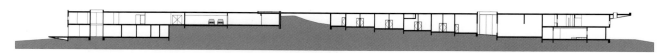

纵向剖面图

　　大使馆内部空间组成很简单。人们沿着地形的斜坡向下行进，可以看到一个中央走廊，两侧是办公室。沿着走廊走到尽头最低处，就到达了建筑的入口。建筑师利用入口处适宜的高度设置了隔层空间和大使办公室，这几个空间可通过通向屋顶的同一楼梯到达。另一部分的居住区域则是两层楼房，里面分为正式部分和社交部分，底层是私人住宅——两户住宅可以共用同一个花园。

裂口

布拉加市体育场位于蒙特卡斯特罗北郊的杜姆运动公园内。选择该公园作为项目用地是为了避免在山谷的斜坡上建设，否则体育场的体量规模会对自然环境造成过度影响。设计方案将体育场放在远离山坡的西侧，以山腰作为支撑，顺应了罗马圆形露天剧场的走向。这一选择不仅为景观和环境问题提供了解决方案，而且也回应了一种高度个性化的足球观。如今，足球运动已成为大众娱乐项目，就如同电影、戏剧和电视一样，可以成为建筑创作的灵感来源。基于以上因素的综合考虑，设计方案决定建造两个彼此面对面的纵向露天看台。看台一面对山，一面望城。体育场的屋顶最初被设计成一个大型的天篷，类似于阿尔瓦罗·西扎（Alvaro Size）设计的由里斯本世博会葡萄牙馆的形式。然而，场地条件和技术因素最终促使建筑师向秘鲁的印加悬索桥寻求灵感，该桥横跨安第斯山脉陡峭的山谷，跨度巨大。

场地规划图

委 托 方：布拉加卡马拉市政厅
项目类型：体育建筑
项目地点：葡萄牙布拉加
建筑容量：33000座观众
完成时间：2003年
照片提供：克里斯蒂·瑞奇

布拉加市立体育场

索托·穆拉建筑师事务所

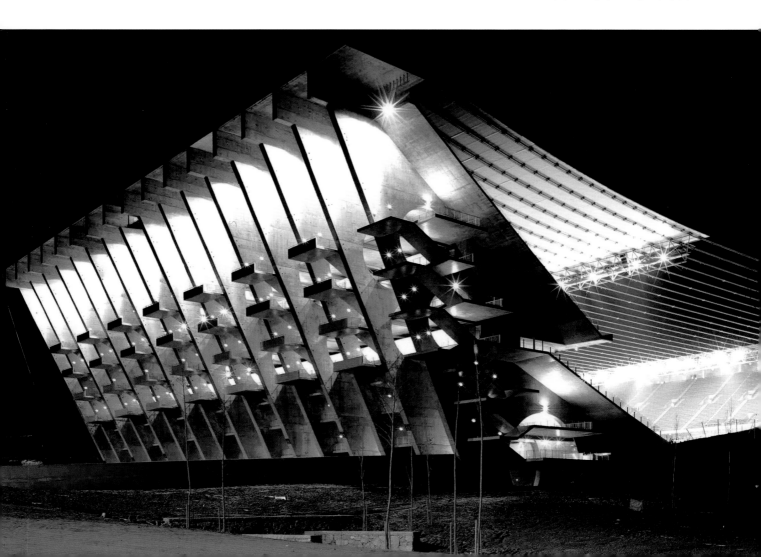

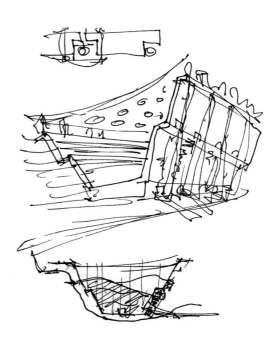

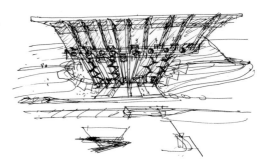

初期草图

　　在设计中，采用挖空和留白的设计手法突出设计主题。建筑外形像一个凹凸有致的大船，形体虚实相间，以此与地形融合。体育场被前面、下面、后面和侧面的空隙所包围，开阔的空间被压缩在露天看台的凹面和岩石的凸面之间（二者不相接）。131英尺（40米）的结构由两个矩形平面组成，它们以相同角度倾斜，形成露天看台。这一设计策略不仅凸显了建筑的透明性和连续性，而且还使得该建筑成为北部城区未来建设发展的重要参考点。

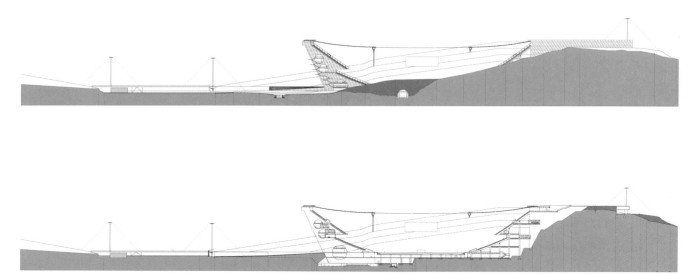

纵向剖面图

主要公共区域通过兼做停车场的广场（由桦树园限定）进入。在这样一个尺度巨大的广场上，参观者沿着一个略微倾斜的坡道走向体育场，在此过程中，建筑内凹的形式成为视线引导，引导着参观者的步步前行。不仅如此，这种透视关系还强化了正面视图，为参观者提供了解读混凝土建筑纪念性的机会，其系统性和现代秩序令人印象深刻。由于建筑结构嵌入岩石中，在其短而开放的端部上无法进入，因此如果想登到看台的顶部，观众就需要从侧面进入，在那里可以看到挖掘的岩壁。这条路径需经过柱列、楼梯、电梯和服务中心，这一体验过程，如同穿越迷宫般的洞穴一样。

方解石洞穴

在哥达哈德火车隧道的两端入口处，各有一座建筑。这两座建筑意在象征21世纪基础设施类建筑的复杂性和重要性。位于瑞士南部波利焦的哥达哈德游客中心便是其中之一。旅行者乘车穿越隧道时对隧道形成的短暂印象，不足以形成对该隧道的全面认识，因此游客中心的一个重要职能就是全面地向人们展示隧道建设的难度，以及建设隧道对未来的重要性。事实上，贯通山中35英里（57公里）的隧道是极富技术难度和想象力挑战的，该游客中心将展示这类工程所创造的奇迹。在这样一个试图通过物质手段来缩减距离的时代，隧道是具体的实现手段。如今，我们只需用手机拨打一个号码就可以与山另一边的人进行交谈，但这个项目需要付出12年的艰苦劳动才能实现两地间的联通。山两侧的这两栋小建筑将成为胜利的象征，并成为人类创造奇迹的见证。

场地规划图

委 托 方：提契诺州波利焦管理中心
项目类型：旅游建筑
项目地点：瑞士波利焦
建筑面积：19375ft²（1800m²）
完成时间：2003年
照片提供：伊夫·安德烈

瑞士波利焦

哥达哈德游客中心

鲍泽特建筑事务所

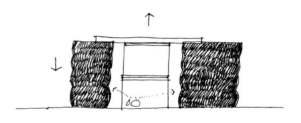

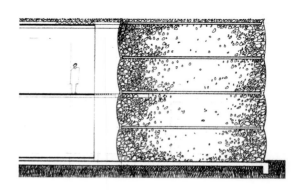

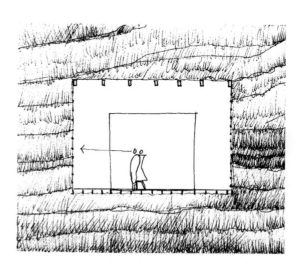

初期草图

这些建筑是用开凿隧道挖掘出的石料建造的。将这些石料呈现在世人面前，隐喻人们渴望更加方便快捷进行沟通的意愿。这些建筑不仅仅是一个展览空间，更为参观者提供了围绕物质、挖掘和距离而形成的体验感。由此，哥达哈德游客中心将物质转化为体验，而不仅仅是物质本身的展示。参观者不仅能感受到距离的实质性，还能真正感受到隧道的挖掘过程，能够真切体会到开凿隧道所需的挖掘量和工作强度。该建筑通过墙体设计表达了以上感受，这些墙体是由从隧道开采出来的数百万块石头垒成的。

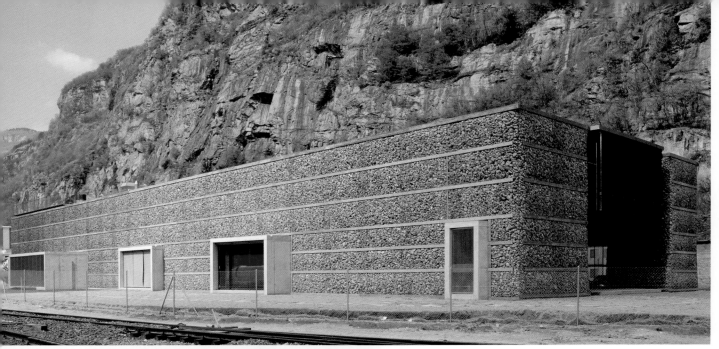

参观者循着人工地形从建筑外部漫步到大堂和室内，途经一系列多用途空间。

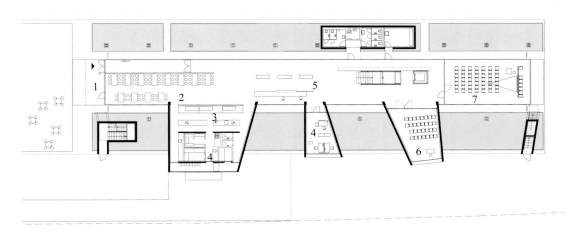

一楼

1. 入口
2. 阅览区
3. 衣帽间
4. 办公室
5. 常设展览区
6. 会议室
7. 投影室

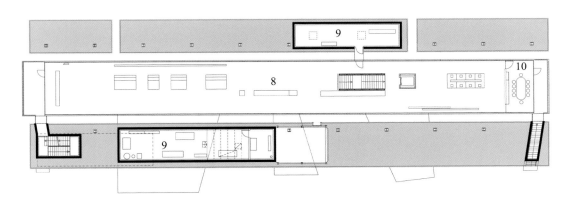

二楼

8. 临时展览区
9. 储存区
10. 会议室

横向剖面图

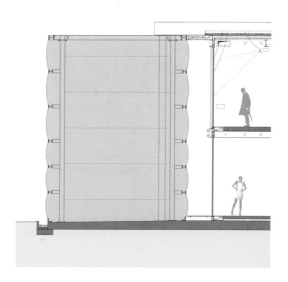

构造节点图

为了围墙的建造，需从开采物中提取出直径为4～6in（100～150mm）的岩石，用以填充作为建筑结构支撑的大型钢筐。游客中心的主要房间分布于建筑两层空间中，其结构与固定钢筐的钢结构挂接在一起。锚固在钢结构上的玻璃墙，营造出一种独特的空间氛围，并达成了视觉统一，同时还起到了控制室内的温度的作用。服务区域，如洗手间和储藏室等，均被设计成混凝土盒子，嵌在岩石筐子里。空间的冲击力和材料的强烈反差，使得主厅成为物质性和非物质性的对撞场。

洞穴剖面

"上帝创造了卢萨提亚，但魔鬼把煤埋在其下。"是该历史地区民间流行的一句俗语。如今，这里是德国萨克森州的一部分。黑煤对这个地区既是一种诅咒，也是一种祝福，该地区几十年来一直靠采矿为生，但也为此付出了高昂的代价：130多个城镇的自然景观受到采矿产业及相关挖掘活动的冲击，有一些甚至遭到完全破坏。该档案馆由一个多媒体文献中心组成，主要功能是展示千百万受采矿影响的人的命运，留存对已消失地的记忆，并说明过去和现在的重新安置政策。建筑师构思来源于该地区的地貌特征（在埋深仅几码的地下便有珍贵矿物）及其开采技术。建造采石场而被废弃掉的地表层就像是一块可自我包裹的毯子，此概念促成了建筑体量和内部空间的生成。这是一个融合了多媒体技术的智能"毯子"，为参观者提供了该地区几十年前所存景观的大量信息。

场地规划图

委 托 方：福斯特市和瓦滕福斯市政厅
项目类型：文化建筑
项目地点：德国萨克森州
建筑面积：538ft²（50m²）
完成时间：2005年
照片提供：斯特凡·迈耶

消失地档案馆

皮纳特建筑师事务所

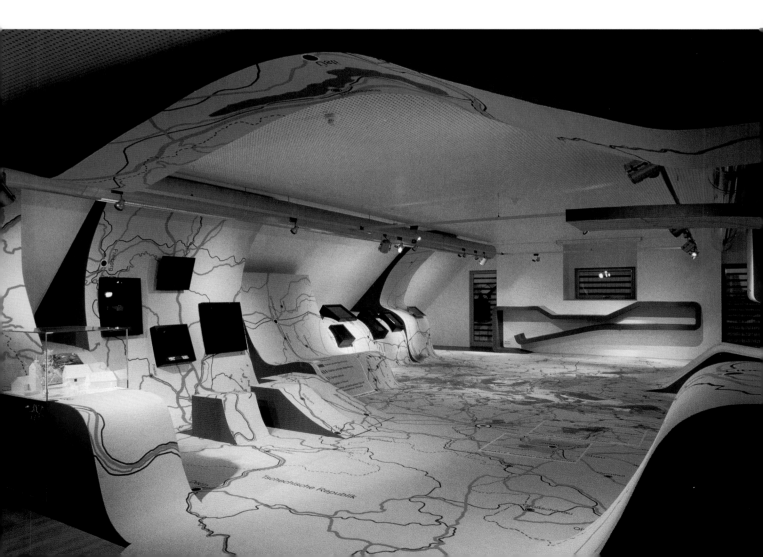

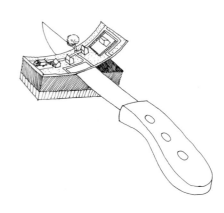

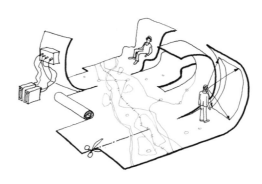

概念图示

在"空间毯子"上印有卢萨西亚地图，以及一些地理和社会数据。参观者可以使用移动扫描仪来浏览地图，选择一个网站并查找相关信息。当扫描仪在一个消失的小镇上停留时，参观者可以访问相应的数据，像教堂的图像、流行节日的电影、访谈、城镇地图、居住人口规模或历史场景等都可以检索到。每台扫描仪都是一台从中央服务器接收数据的计算机终端，中央服务器会不定期更新与这一独特景观风貌变化相关的信息。

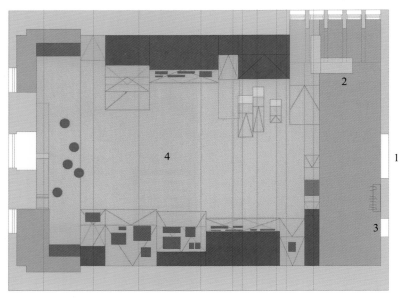

平面图

1. 入口
2. 接待处
3. 衣帽间
4. 展廊

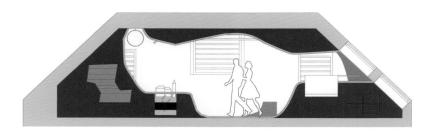

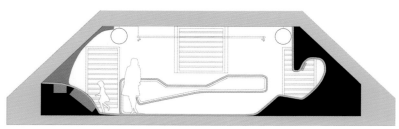

横向剖面图

夹板的弯曲形式创造了空间边缘的不确定性，展现出"无止境"的效果。同时，这种手法还恰到好处地充分利用了档案馆的有限空间。

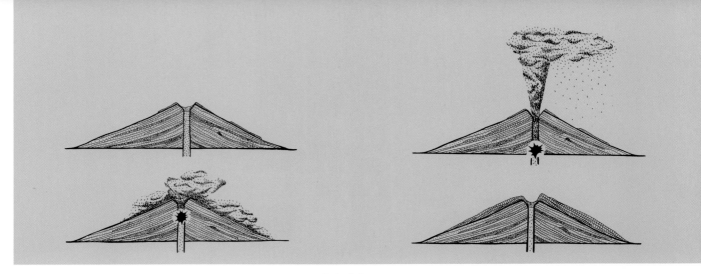

火山喷发

火山

通常，人们认为矿物是惰性的、稳定的，具有不变性，但实际上，晶体、岩石及其他形式的矿物一直处在不断变化、重塑和毁灭的过程中。就像生命体一样，各式的矿物也都经历了从诞生到成长、变化、更替和消失的过程。只不过对矿物来说这种过程是通过侵蚀、蒸发，或是重新混入岩浆等方式实现的。就像山脉以及构造板块的小移动都需要亿万年才能形成，这些现象发生的时间跨度过大，在人类相对短暂的历史进程中无法察觉。因此，在人类的眼中矿物是惰性的。

考虑到这一点，利用矿物变化作为设计概念的建筑项目听起来似乎有点牵强，但有一些瞬间发生、人类可察觉的变化是可以帮助我们理解地球的形成过程的，其中最令人惊叹的是火山喷发的过程，它具有令人畏惧的残酷破坏力和塑造新的矿物景观的能力，可以在数月、数周、数小时甚至数分钟内喷发出令人叹为观止的矿物，这种现象也引起了人们极大的兴趣。在人类历史的进程中，火山活动的不可预测性以及火

火山熔岩   陨石坑

山爆发的间歇性，导致了无数人类住区被吞没，变成了万人冢。位于维苏威火山脚下的庞培遗址就是最令人心痛的例子之一——在公元前79年8月的那天早上，无数人在建筑物还未倒塌的情况下就被埋葬在了灰烬和熔岩之中，沃尔特斯科特爵士在拜访庞培时也曾多次称其为"死亡之城"。它证明了当潜伏在地表下的熔岩到达地面凝固变硬时是具有无穷破坏力的。火山爆发与其他反映地球内部活动的现象一样，几乎总是会引起所谓的自然灾害。无论它们是被解释为神的愤怒还是地球能量的展现，它们都比其他任何情况更能揭示建筑脆弱的一面。当建筑物无法提供避难所时，往往会酿成悲剧，并给人类带来残酷的教训。

在火山地区发现的当代建筑遗址中，人们会发现这样的特征：面对大自然的侵略，人类建筑是苍白无力的。也正因为这种石质液体的所向披靡的特性，将熔岩凝固并加以利用，是解决这一问题的理想手段。此外，将形态不定的火山物质结合到建筑设计中，能够在形式与色彩方面形成极强的表现力。

火山熔岩

会议中心所在特殊位置对该项目的初期构思至关重要。特内里费火山景观（加那利群岛之一）和远处的海面是建筑师需着重考虑的两个因素。基于此，该建筑应作为主导标志，成为该地区的一个地标。这座建筑位于高地上，可以欣赏到海岸和拉戈梅拉岛的全景，建筑具有视觉张力却又很好地融入到景观中。建筑由从地面生出的十三个几何体块组成，这些体块包含了该项目的各种辅助功能，如办公室、卫生间、咖啡厅等，这些体块在屋顶的流动中形成了一条模糊的动线，可以将它想象成蜿蜒流淌的液体，从各个方向上将空间包裹。屋顶表面的起伏和分离就像岩浆一样，产生的裂缝为光照和通风创造了条件。这种形式被打破并且倍增，加剧了紧张感和动态感。从功能的角度来看，屋顶的起伏还满足了技术环节对空间的需求。

场地规划图

委 托 方：加那利群岛国会局特内里费苏尔
项目类型：会议中心
项目地点：科斯塔·阿德耶，特内里费，西班牙
建筑面积：220660ft² （20500m）
完成时间：2005年
照片提供：托本·伊斯克罗德

斯塔·阿德耶，特内里费，西班牙

微捷码会议中心

AMP建筑师事务所

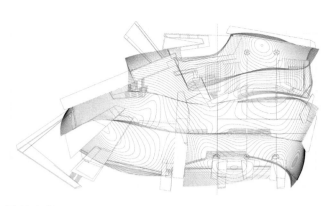

屋顶地形

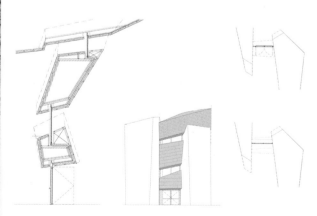

立面细节

一楼会议空间可容纳2500人，可细分为9个较小的会议厅，每个厅可容纳300人。上层包括演讲室，划分后可容纳20～200人。这种改造是通过在钢筋混凝土周边模块内安装的隔音面板实现的。这种材料的选择反映了将建筑融入景观的潜在意图——例如，混凝土是用当地的一种沙子制成的，而屋顶的内部和外部都使用植物纤维面板，它们的色彩都有周围环境的印迹。

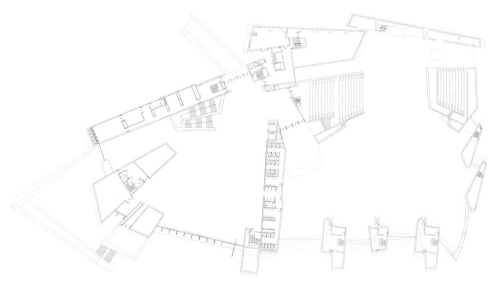

一层平面图

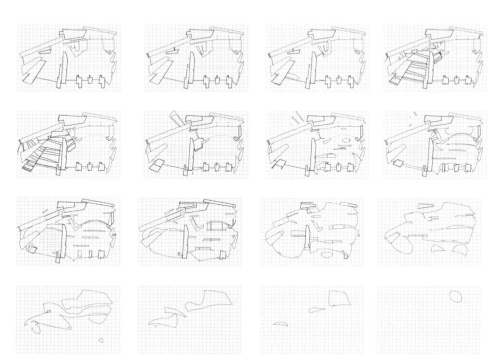

平面演变图

在建造过程中，由于对项目的修改，这座建筑的功能就像一个不断变化的生物体。这使得将简单的会议中心改造成能够举办极其广泛的文化活动的建筑成为可能，从而使特纳里生活的南部地区拥有了之前一直缺乏的文化基础设施。多位专家特别是音响学和声学专家，对建筑物的技术设计做出了重要贡献。大量的工作模型用真实的建筑材料制成，并在日常基础上加以修改，以帮助确定屋顶的内部结构并实现最佳的声学效果。这一不断演变的过程使建筑展现出了巨大表现力，并与景观完美地融合在一起。

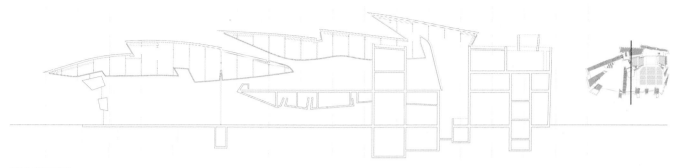

横向剖面图

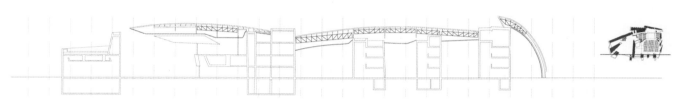

纵向剖面图

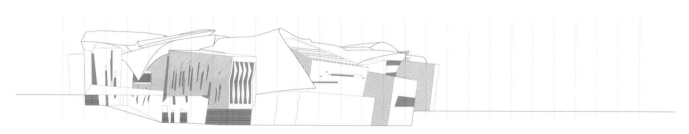

西立面图

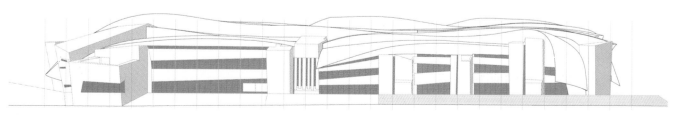

南立面图

从最基本的建筑材料——混凝土中提取出多种形式和表面处理手法，用于会议中心内部空间的塑造，无论是从巨大粗糙的横梁还是到内墙的细部刻画，都体现出会议中心内部的独特气氛。

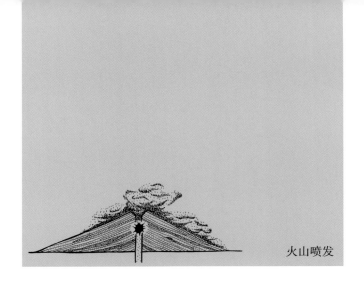

火山喷发

塞萨尔·曼里克基金会管理着来自加那利群岛的杰出艺术家的遗产，并以艺术家曼里克的名字命名。曼里克1919年生于兰萨罗特岛首府阿雷西费，在致力于绘画和雕塑之前，他学习了两年的建筑，成为了20世纪70年代和80年代岛上艺术界的关键人物。他的作品价值主要在于其对岛上自然环境所表现出的理解力、尊重性和创造性，这在其设计的户外设施，如火山水管、河流观察点和仙人掌花园中均有所体现。曼里克自己的房子，称为El Taro de Tahiche，建于1968年，1992年转为他的基金会总部。为给曼里克和其他艺术家提供工作和展览空间，最近该建筑得到翻修和扩建，使之更加适应其作为博物馆和艺术画廊的新功能。同时，建筑还须为在基金会工作的艺术家提供研究空间。除了与现有建筑的建立对话关系之外，该项目面临的主要挑战，是要融入18世纪火山喷发熔岩形成的月球地貌景观，并以火山山脉为背景，兼顾远处可见的海洋景观。这座建筑呈现出一种微妙的体量形态，在地面上形成一条带状熔岩景观，大部分功能空间则被置于地下。

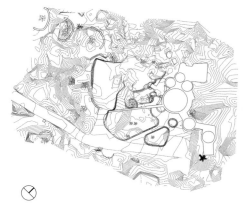

场地规划图

委 托 方：塞萨尔–曼里克基金会
项目类型：博物馆
建筑面积：5113ft²（475m）
完成时间：2004年
照片提供：罗兰·哈贝

塞萨尔·曼里克基金会

巴勒莫+塔瓦雷斯纳瓦建筑师工作室

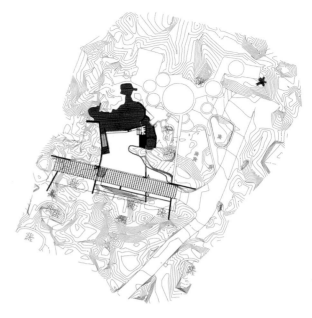

一层平面

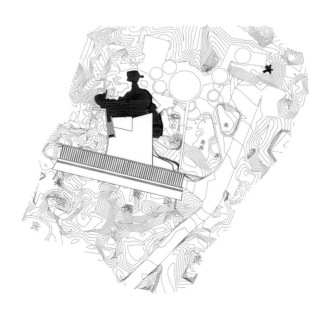

屋顶平面

　　覆盖土地的熔岩是该项目运用的基本元素，而岛上的天然石材则成为建筑的原材料。为使内部空间完全融入室外地形，支撑建筑的钢筋混凝土结构大部分都被覆盖于火山石之下。这种融合通过贯通地板和顶棚的巨大窗户以及角状混凝土屋顶来强调。同时，这些屋顶也可以作为露台和观景平台。在这个项目中，建筑师使用了基于现代主义运动审美风格的语言，并且故意与基金会原有简陋封闭的殖民建筑形式拉开距离。

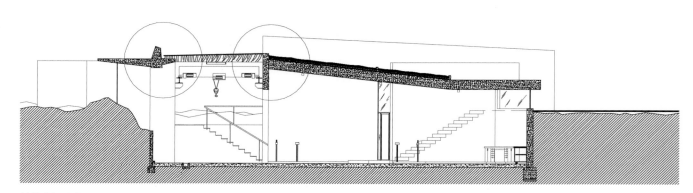

结构剖面图

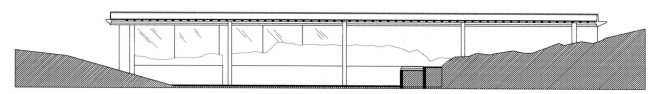

纵向剖面图

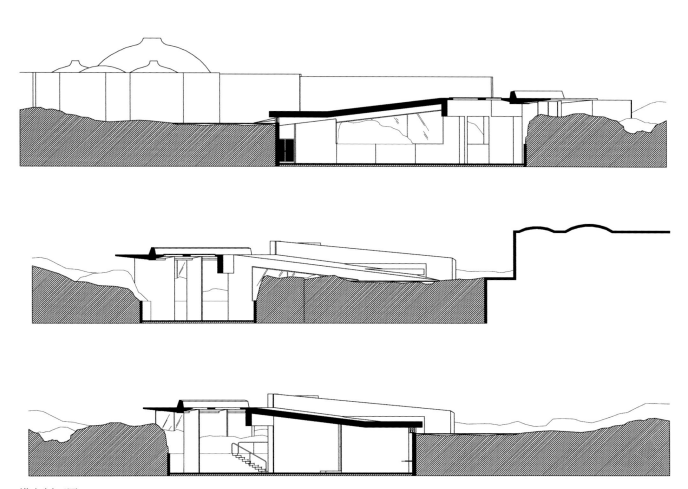

横向剖面图

从外部界定的建筑物纯粹的几何形体，在内部空间也能被明显感知到，这进一步强调了建筑周边（或是建筑之中）的令人惊叹的熔岩景观。

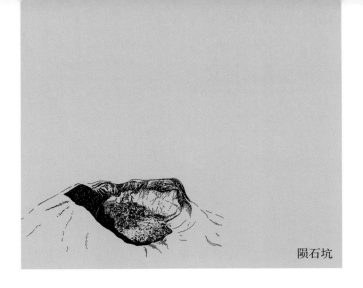

陨石坑

　　加那利群岛圣克鲁斯德特内里费体现出一系列令人注目的城市形态——海洋的永久性景观、城市用地的不均衡、房地产开发的失控，以及泰德死火山的壮丽景观。泰德火山是西班牙的最高峰，决定了该岛的地貌特征。建筑师们提出，该体育场的设计要能融入周围的城市肌理，并有一个最优的东北偏北位置来为体育场馆塑造一种统一的、具有里程碑意义的体量感；此外，观众席的视线尽量不能受到影响。建筑师将地形作为设计出发点，用部分自然坡面作为露天看台，最大化地利用了地形高差，并用挖掘出的土方修建路堤。该建筑有一个带顶的巨大的入口广场，在城市范围内，它不仅仅是一座建筑物，还是一个在城市建筑中开放的大型火山口。这样的处理大大削弱了大型基础设施带来的视觉冲击力，并将人造景观融入到主导岛屿的自然景观中。

场地规划图

委 托 方：卡比多·德特内里费，圣克鲁斯·德特内里费市议会
项目类型：体育设施
建筑面积：384379ft²（35710m²）
完成时间：2007年
照片提供：铃木久雄

圣克鲁斯·德特内里费，西班牙

体育场

AMP建筑师事务所

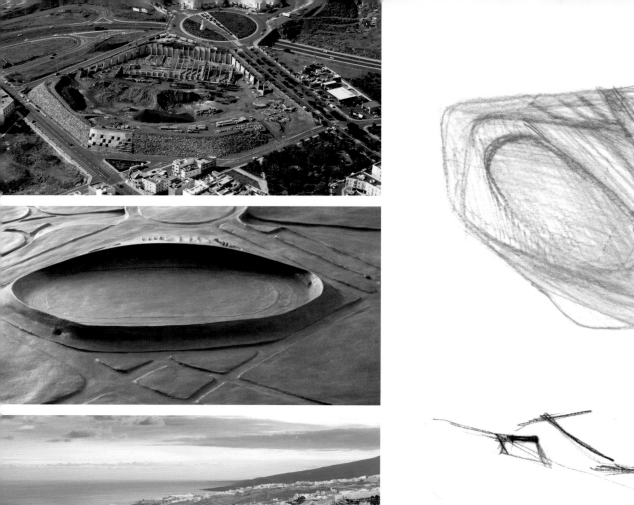

初期草图

　　建筑主体结构采用混凝土模块化的建造方式，这极大降低了建造成本。其中田径场项目是根据国际标准设计的，它的内部区域是一个多功能的空间，也可用于体操，周围是以辅助功能为主的训练区。该建筑群还包括一个位于体育场建筑东南部的居住区，为运动员和体育中心官员提供服务，该区域充分利用了景观和自然日照。露天看台原本计划容纳4000名观众，但自然斜坡的利用使看台得以扩建，现可容纳6000人。

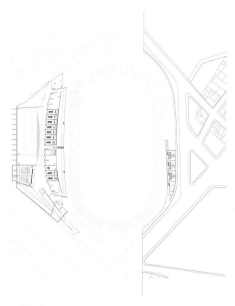

一层平面

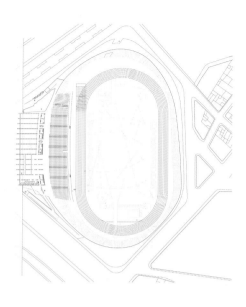

露天看台平面

纵向剖面图

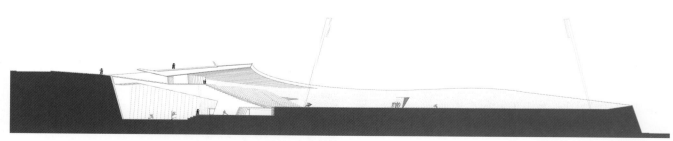

横向剖面图

体育场的形式和结构体现出该建筑的特色，二者都是由V形混凝土结构组成的，同时这些结构还限制了建筑物的体积，从而使混凝土的使用量降到最低。

巨石

巨石

巨石

物质的形态有液体、气体和固体三种，在这三种形态中，固体分子之间表现出较强的固定键，它具有抵抗压力而不产生任何明显变形的能力。因此，固体通常具有坚硬和受力性能好的特点，这体现了物质的坚固性。自然界中的水和空气分别是液体和气体的代表，矿物则是地球上固体的代表。在勒柯布西耶看来，建筑是光线下各种体积相互作用的结果，由此在进行建筑创作时，人们不可避免地会把目光转向石头这种坚固物的代表，研究石头的矿物成分及其所形成的景观能对建筑设计形成启示。人们早已尝试建立起

了建筑单体和以巨石为代表的地质结构块之间的类比关系。本章将探讨以巨石作为隐喻的设计理念，而不特指建筑块体本身，因为除纪念碑外，建筑之用更多的是在于其内部空间。

许多给人以坚固印象的建筑，不一定具有石头、石块或石碑的物质属性，而是试图模仿石头的语言，以此作为一种表现策略。建筑中对其形式的探索往往源于传达诸如坚韧性、坚固性、硬度、严肃性或重量感等的需要。有一些特例，如专门为满足特定使用而设计的建筑项目，像堡垒或堤岸，在这些建筑中，极

纪念碑   石墓

端正规的秩序性和朴素性使其形体看起来固若金汤。但在其他情况下，建筑物用紧凑的外部形态掩盖其内部的复杂性，可形成类似于纪念碑式的高度个性化的表达。通过建筑语言，它们能够呈现出一种庄严感，并从周边建筑中凸显出来。

对正规经济的追求通常源于对金融的需求。"一个建筑越对称，越有规律，越简单，它就越便宜"（路易·杜兰德，《建筑指南》，1801～1803年）。由于模块化解决方案的重复性或预制材料使用所带来的简单性，单体建筑的造价更加低廉了，且设计过程也简化了。事实上，由于计算机设计技术的出现，涌现出了大量体块感强烈的单体建筑，这绝非偶然，因为计算机设计摒弃了形式装饰和不均匀的体块处理，去寻求具有规则图案的连续表面。

最后，原始几何形式的选择往往反映了一种试图逃离过度装饰的建筑设计倾向。阿道夫·卢斯（Adolf Loos）反对使用装饰，他的设计使建筑不带有任何装饰的属性，更接近工业产品，而非传统的维也纳式的建筑。他用材料本身赋予了建筑的装饰意义。

纪念碑

早在1996年，当时该项目的建筑师获邀参加一项投标，在那时他便开始评估和处理决定该项目的各种因素了，这其中包括在共产党控制区内建立几个银行办事处，建造地点位于倒塌的柏林墙前。该地区有中欧文化的印迹，也有现代革命运动的痕迹——充斥着严谨、韵律、技术化以及表达欲望的倾向。对这座建筑来说，这些文化上的考虑因素，是其所在地区的最大亮点，最终促成了设计概念的形成。该项目坐落于法西斯受害者公园的中央，这是一个已被纳入到姆尼茨城市结构的森林地带，自然状况良好，几乎没有受到任何开发的影响。公园以其古老的树木和两处欧洲军事历史遗迹而闻名。这两处遗迹一个是在拿破仑战争中遇难的、被埋于此地的法国巡逻队纪念地，另一个则是一座被遗弃的第二次世界大战死难者纪念碑。阿道夫·卢斯坚持认为，应当把坟墓作为该建筑最有力的表现形式。坟墓是该建筑的标志性符号，被设置于参天巨树的对面。附近的古生物博物馆展现了从生命体到化石的转化过程，这极大地启发了该项目的设计思路。这座建筑被设计成一块化石的样子，通过它可以感受到各种有机体在历史长河中的演变。

场地规划图

委 托 方：德意志联邦银行
项目类型：银行办公楼
项目地点：德国开姆尼茨
建筑面积：102257ft²（9500m²）
完成时间：2004年
照片提供：简·比特/比特摄影工作室

德意志联邦政府新办公楼

MAP建筑事务所/约瑟夫·路易斯·马泰奥

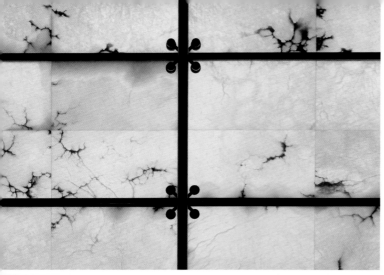

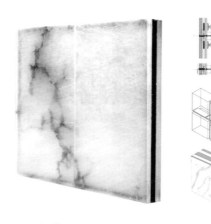

立面细节

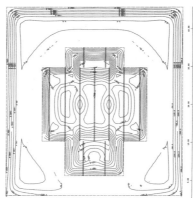

结构图

半透明的立面是设计概念实现的基础。这是一个跟石化树相关的概念——根植于地下而屹立于地上——岩石的无机硬度与凝固的植物结构形成对比，纹理呈现出多样的天空图案。玛瑙和白蜡石立刻成为人们脑海中理想的材质选择。立面封边处设置电缆，其上部被弹簧拉紧。电缆所受的张力随天气条件而变化，可由计算机监测。这使得竖直立柱可以非常的薄，因为它们一直处于受拉状态。建筑表皮采用石板与透明玻璃交替压叠的方式，这样的处理，外立面能对室外环境作出回应，并且能够呈现室内的运动状态，这种尝试再次赋予了无机物质以有机属性。

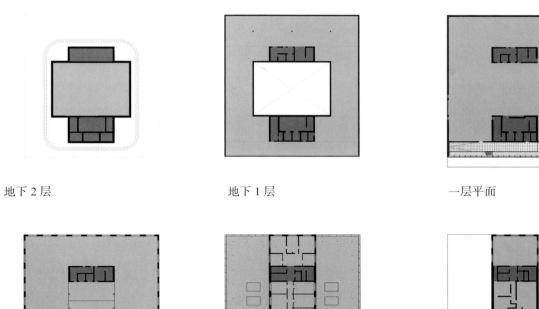

地下 2 层   地下 1 层   一层平面

二层平面   三层平面   四层平面

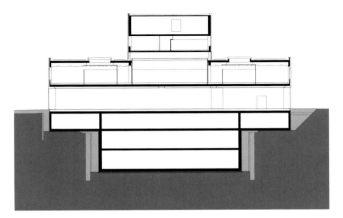

纵向剖面

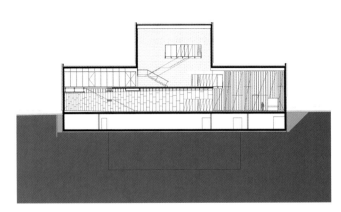

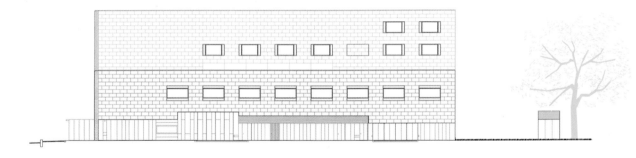

南立面

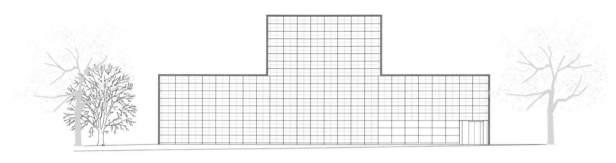

西立面

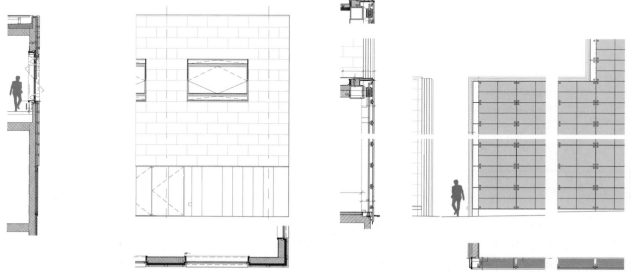

南立面节点详图

西立面节点详图

建筑表皮的层状复合材料在实验室进行了测试，以确保其能够抵御恶劣的天气条件并满足严格的安全要求。表皮饰面板通过框架彼此连接，并沿着幕墙的标准化结构线被连接到主体结构上。框架材料和暴露在户外的材料强调了建筑的古朴性。建筑转角处是由一块单独雕刻的石头制成的，底部采用稍粗糙的石块，窗户是青铜和木制的。入口的内部空间——这座建筑最具纪念意义的公共部分——通过增加石块和树木碎片来传达化石的隐喻。

巨石

　　地堡是荷兰景观的突出代表，在20世纪早期出现，用于军事目的和防御洪水。弗雷斯韦克（Vreeswijk）流域的这类建筑可以追溯到1936年，它们是巩固19世纪水线沿线的防御性建筑。这一地区的景观以53mi（85km）的环路为特色，其中包括军事设施和复杂的防洪系统，这种系统可在该地区受到攻击时被淹没。故而，地堡发挥了重要的历史作用，并成为荷兰地貌景观的典型代表。随着时间的推移，地堡失去了防御功能，它们被转做其他用途，用作学校、体育设施或商业场所的一部分。该项目是一个办公综合体的文体中心，为该地区建筑风格作出了当代诠释。它的巨型体量由连续不断的面形成，体现出坚固性的特征，与几何棱角的紧密排布表面形成对比，与此同时，建筑物的一部分变为了地面的投影。

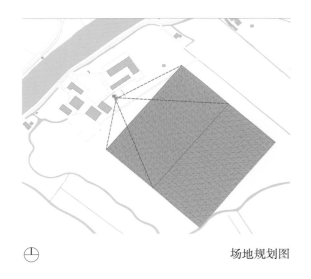

场地规划图

委 托 方：私人业主
项目类型：文体馆
项目地点：荷兰，弗雷斯韦克
建筑面积：861ft²（80m²）
完成日期：2005年
图片来源：克里斯蒂·安瑞奇

荷兰，弗雷斯韦克

地堡茶屋

UN工作室

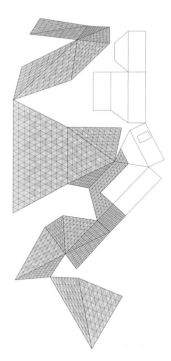

表面展开图

轴侧拆解图

该项目是一个旧地堡的扩建，该地堡已被用作附近办公楼的附属区域。原先的地堡包含了服务和储存的区域，其墙体和屋顶被三维弧形金属支架结构和不锈钢镀层覆盖。建筑表皮要求所有的外墙都以几何形式延伸，以单一的三角形模块作为表皮生成要素。模块的重复和建筑各边的折叠，使人联想到折纸，这一策略有效地解决了展馆的复杂几何问题。

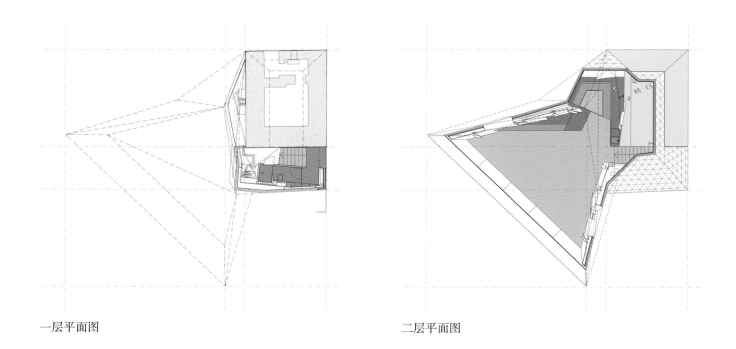

一层平面图　　　　　　　　　　　　　　　　二层平面图

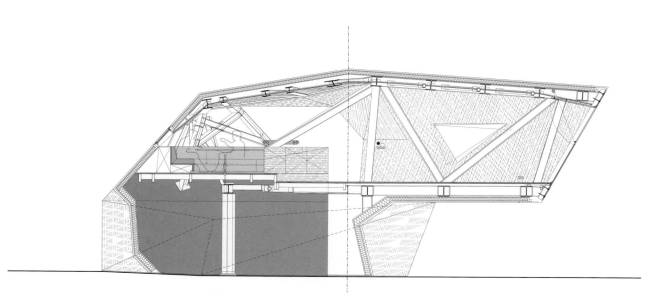

纵向剖面图

该建筑整体感十分突出，这不仅
得益于其犹如石雕般的独特体量，还
得益于围绕整个建筑连续的边缘包层
的技术实现。

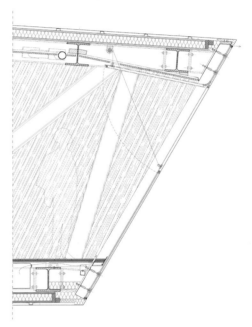

表皮细部构造

内部空间没有隔断，也没有设置装置，它可以适应不同的活动，可作为会议室，聚会场所或工作日休息区域。不锈钢条形成的各种裂缝最终形成了一扇大窗——这是大楼里唯一的一扇窗——打开后就变成了一个大阳台，可以看到毗邻的马球场。这个连续的玻璃窗强调了建筑的技术建构——它类似于汽车的结构，并且具有巨石的特征。

巨石

欣策尔特（Hinzert）小镇拥有田园诗般的风景，这是典型的德国景观，群山起伏，田野井然有序。但在1939~1945年间，这里曾是20多个国家政治犯的特别集中营。该项目缘起于该地区的一个文献中心和博物馆的设计竞赛，设计尝试挖掘该地区经历的政治和领土变革。这是一个复杂的综合体项目，功能包括档案馆、研究书店、讲堂和展览空间。两位建筑师曾因设计德累斯顿犹太教堂而在国际上享有盛誉，他们再次表达了希望研究材质与潜在概念之间的关联。这座建筑的非常规设计既体现了理性的开发策略，又表达了纯粹的设计直觉。建筑有141ft（43m）长，坐落在一个缓坡的山顶上，它的结构、形式和外观赋予它一种神秘的、雕塑般的感觉。外立面和屋顶形成的单一化的表皮是由近3000块0.5in（12mm）厚的钢板拼接成的，它们被焊接成12个更大的组块，随后在原地进行组装。

场地规划图

委 托 方：莱茵兰–普法尔茨州，LBB特里尔，公共工程中央办公室
项目类型：文献中心和博物馆
项目地点：德国欣策尔特
建筑面积：9182ft²（853m²）
完成时间：2005年
照片提供：诺伯特·米格莱茨

欣策尔特博物馆和文献中心

万德尔·霍费尔·洛赫，赫希

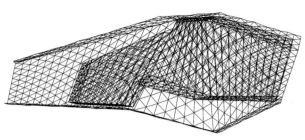

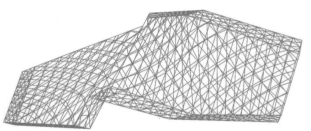

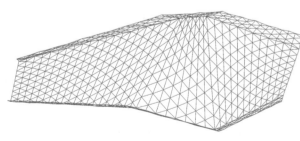

三维数字模型

通过三维数字模型计算各种金属板之间的角度，以确保元件具有合适的结构重量并且使整个结构形成一个刚性件。红褐色的包层覆盖了一个包含画廊、演讲室、书店、档案室和多个办公室的狭长空间。建筑空间从内部向外展开，各个单元围绕中央展览空间分组，从而将内部空间的边界推向外部景观。就像一个密封的环绕着保护历史资料的环境一样，体量在山谷的一端打开，在历史图像和当代意向之间建立起一种连接。

尽管同样的几何形状一再重复，但在外层的风化钢板和内层的桦木层板之间有一个高达6in（15cm）的空隙，这里面填满了各种绝缘材料。

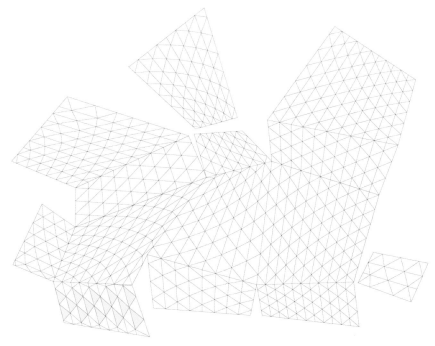

表面展开图

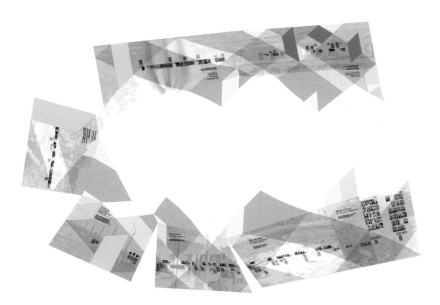

内部展开图

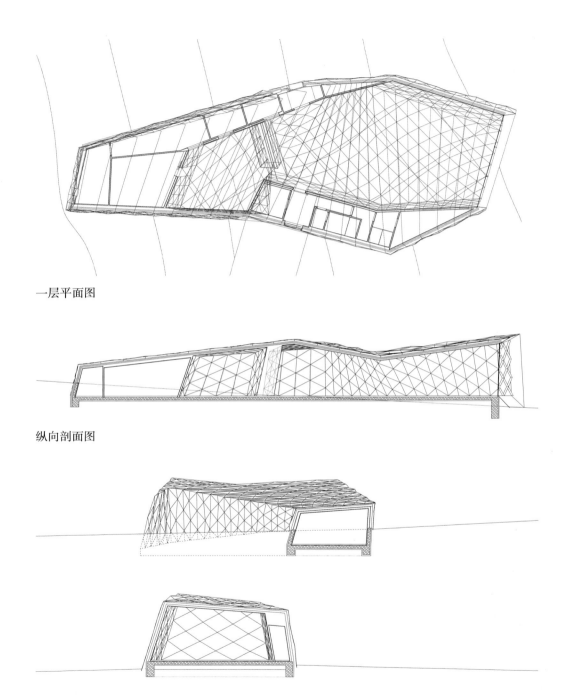

一层平面图

纵向剖面图

横向剖面图

　　将统一的空间层次运用到所有空间，以及不同空间的室内设计之中，强调了每个部分共享相同的室内空间的理念。室内装饰层由桦木层板组成，照片和文字被直接打印在上面——这些文件不是粘在建筑物上，而是直接插入其中，犹如当代壁画的复原。为了实现外部金属包层与木质内部的绝缘，该项目设计了具体的原型模型，包括开口、窗户、门和三角形框架。

巨石

这所房子是为一对有两个孩子的夫妇设计的，他们热衷于户外活动，希望与社区一起分享活动空间。他们想创造一个环境，方便附近孩子们的玩耍和照护。因此，地块的选址对实现该项目的意图至关重要。该项目选址于韩国Heyri的一个居民区内，位于独立住宅组团的尽端。基地处于街道和后花园的交接处，是排屋尽端的节点空间。这种公众和私人共享的方式在街道上其他任何地方都不曾有过。该设计策略基于打破建筑单一性的想法，在附近尤其是在街道上，通过创造一个单一的形体，打破原有的社区肌理。建筑体量不再强调由排屋形成的屏障感，其介于岩石和建筑物之间的建筑形态，具有很强的整体性，与自然景观建立起密切关系。这种建筑处理方式为我们提供了一种连接城市与自然的视角。

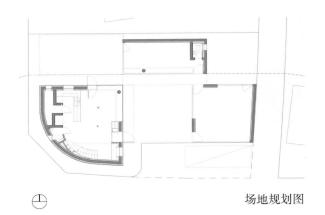
场地规划图

委 托 方：私人业主
项目类型：家庭住宅
项目地点：韩国海伊利
建筑面积：1206ft² （112m²）
完成时间：2001年
照片提供：金永冠（Yong-Kwan Kim）

像素房子

斯莱德建筑事务所，大众研究室

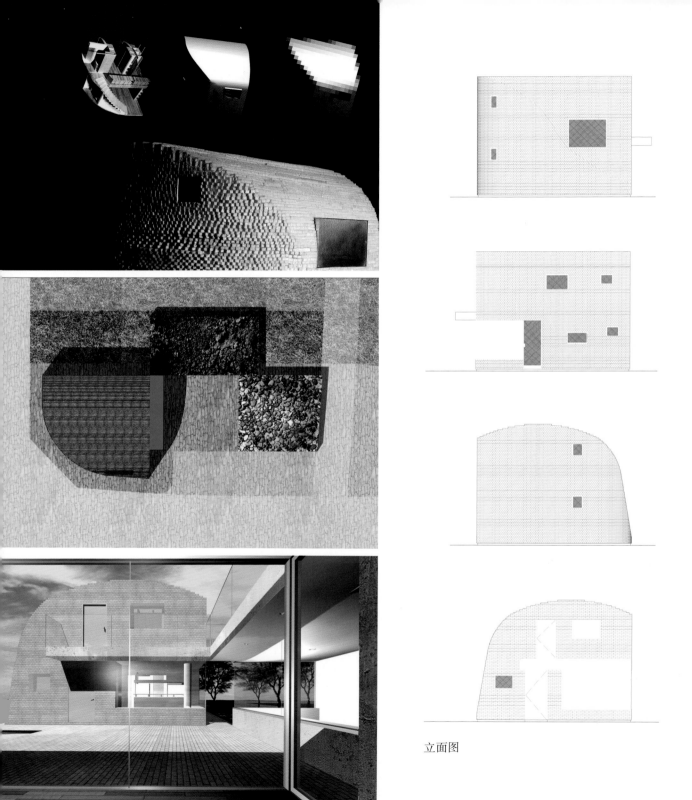

立面图

房子的位置从正面的街道上看，强调它如巨石般的特征，并在建筑物和周围的山之间建立起一种张力，这种张力也反映在材料选择和建造过程中。使用典型的实心砖简化建筑结构，同时也使建筑体量分解成离散的、最小的构造单元。同时，砌砖传达了一种对建筑尺度可感知的印象，这种印象可根据它被看到的距离而变化。就像数字图像根据像素的数量来分类一样，该房子的形式是由它的砖块数量决定的，它是一个有9675像素的房子，每个像素都相当于一块砖。

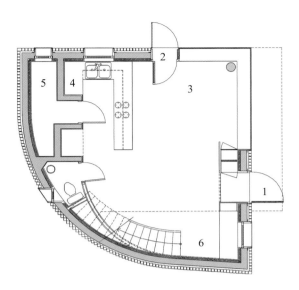

一层平面

1. 主入口
2. 花园入口
3. 休息室 / 餐厅
4. 厨房
5. 储藏室
6. 学习室

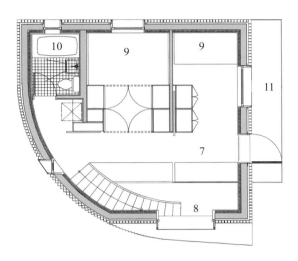

二层平面

7. 阳台工作室
8. 通往一层空间的楼梯
9. 卧室
10. 浴室
11. 阳台

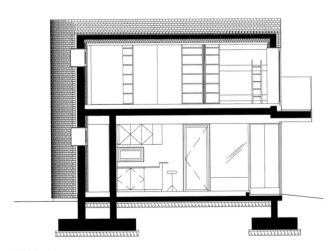

纵剖面

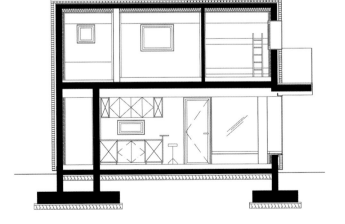

　　房子内的社交区域和厨房，被设计成连续空间，从首层升起，形成两层通高空间。通高空间的一侧被利用起来，其空间进深尺度恰好可以形成一个藏书区域，用来收纳容纳大量的家庭图书。所有的家具元素，如架子、工作台、门和长椅，都被视为建筑的组成部分，这有助于加强不同空间之间的空间关系。再如，通往二层卧室的楼梯附属空间，既可以作为休息室，也可以作为图书室或工作室使用。